中国林业优秀学术报告
2019

中国林学会 编

中国林业出版社

图书在版编目（CIP）数据

中国林业优秀学术报告 . 2019 / 中国林学会编 . —北京：中国林业出版社，2021.4
ISBN 978-7-5219-1102-2

Ⅰ . ①中… Ⅱ . ①中… Ⅲ . ①林业—研究报告—中国— 2019 Ⅳ . ① F326.2

中国版本图书馆 CIP 数据核字（2021）第 055879 号

中国林业出版社·建筑家居分社

责任编辑：樊　菲　肖基浒
电　　话：（010）83143610

出　　版：	中国林业出版社（100009　北京西城区德内大街刘海胡同7号）
网　　址：	http://www.forestry.gov.cn/lycb.html
发　　行：	中国林业出版社
印　　刷：	北京博海升彩色印刷有限公司
版　　次：	2021年4月第1版
印　　次：	2021年4月第1次
开　　本：	1/16
印　　张：	15
字　　数：	200千字
定　　价：	88.00元

本书可按需印刷，如有需要请联系我社。

学术顾问：沈国舫　唐守正　蒋剑春

本书编委会

主　任：赵树丛　彭有冬

副主任：陈幸良　刘合胜　沈瑾兰

主　编：陈幸良

副主编：李　彦　曾祥谓

编委会成员（按姓氏笔画为序）：

王　妍	王立平	王军辉	方　勇	刘庆新	刘君昂
江　波	李　彦	李　莉	李立华	杨加猛	吴　鸿
吴家胜	何志华	汪阳东	汪贵斌	迟德富	张德强
陆志敏	周子贵	周晓光	秦　华	郭正福	黄坚钦
斯金平	程　强	曾祥谓	谢锦忠	潘建平	魏运华

前 言

创新是我国新发展理念的核心要义之一，是引领发展的第一动力，是建设现代化经济体系的内在驱动力。林草科技事业高质量发展，离不开创新引领、创新驱动、创新赋能。

为深入贯彻落实习近平新时代中国特色社会主义思想和党的十九大及历次全会精神，鼓励林草科技创新，为新时代林草融合发展提供重要科技支撑，中国林学会持续举办中国林业学术大会、中国林业青年学术年会等系列品牌活动，集中展示了林草科技创新最新成果，深入探讨了学科发展前沿观点，广泛激发了科技工作者的创新思维、创新意识和创造活力。与此同时，各分会、专业委员会和相关涉林草机构也举办了内容丰富的学术交流活动，展示了多种形式的创新动态。为弘扬优秀学术思想，推动新理论、新观点、新技术的研究与传播，中国林学会先后征集出版了《中国林业优秀学术报告2015》《中国林业优秀学术报告2016》《中国林业优秀学术报告2017—2018》，得到了林业界的广泛关注。

2019年底，中国林学会重点围绕新时代林草学科前沿动态，着重探讨如何把握机遇、创新思路，深入践行绿水青山就是金山银山理念和"山水林田湖草沙"综合治理思想，开展了《中国林业优秀学术报告2019》的征集编撰工作，共收到38篇报告（含约稿）。通过编委筛选和专家评定，精选收录了21篇文稿，其中院士报告3篇，特邀报告2篇，专家报告12篇，调研报告4篇。这些报告从多领域、多角度分析了行业趋势和前景，分享了对发展方向和探索路径的思考。征集工作得到了中国林学会各有关分会、专业委员会，各省级林学会以及相关单位和个人的大力支持。

《中国林业优秀学术报告2019》力图全面展示本年度的林草科技创新代表性成果，但篇幅所限，难免存在不足之处，望广大读者批评指正。文章统一略去了参考文献，一些引用的文字、数据或者图表也未标明引用出处，在此作特别说明。希望广大林草科技工作者继续支持中国林业优秀学术报告的编辑工作，积极推荐高质量高水平的学术报告，让学术论文能够真正写在祖国大地上，应用在林草现代化建设中，为科技创新驱动林草高质量发展作出新的更大贡献！

编者
2020年11月

目 录

第一篇　院士报告 ··· 001
对当前践行"两山理念"的一些倾向的看法············沈国舫　002
生态系统保护与修复随想······································唐守正　010
生物质能源与炭材料技术的发展······························蒋剑春　016

第二篇　特邀报告 ··· 023
推进自然教育，共筑生态文明································赵树丛　024
我国城市林业发展和森林城市建设的回顾与展望······江泽慧　028

第三篇　专家报告 ··· 037
关于人工林定向培育理论与技术研究的思考············方升佐　038
森林害虫化学防治与多分子靶标杀虫剂创新开发及
应用前景··曹传旺　054
森林多功能权衡与水资源管理································王彦辉　066
黄河流域湿地概况及其保护管理对策······················崔丽娟　083
国家公园规划实践和思考······································孙鸿雁　090
中国竹材加工产业现状与技术创新·························李延军　104

目 录

油茶果预处理装备及其智能化发展方向 ……………… 汤晶宇 116

林火碳循环研究进展 …………………………………… 孙 龙 131

新时代林草科技创新的几点思考 ……………………… 王军辉 139

香料用樟树及其优良无性系选育 ……………………… 金志农 144

江西珍贵树种发展报告 ………………………………… 周 诚 等 161

白蜡虫全基因组甲基化分析 …………………………… 陈 航 176

第四篇 调研报告 …………………………………………… **187**

建设世界一流美丽大湾区的对策与建议 ……………… 陈幸良 等 188

关于浙江省推进"两进两回"的实践对策 …………… 周晓光 197

黑龙江林业产业发展调研报告 ………………………… 李 彦 等 208

红松果林产业发展现状与对策 ………………………… 于文喜 等 219

第一篇

院士报告

对当前践行"两山理念"的一些倾向的看法

沈国舫

(中国工程院院士、北京林业大学教授)

前些日子,我在一份报告中详细分析了践行习近平总书记的"两山理念",应实现从绿水青山到金山银山的转变,必须对"山水林田湖草"这个自然综合体进行科学的可持续经营。我还以森林生态系统为例,指出森林经营利用获得经济效益的4条途径,即生产木材及其他林产品的途径、发展林下经济的途径、开展生态旅游和文化康养的途径,以及以提供生态产品而获得生态补偿的途径。要针对每一片森林的具体情况,采取适当的经营措施,尽量兼顾并各有侧重地争取多种经济收入,这是构建森林可持续经营的主要内容。

然而,我从对基层单位的大量调研中感到,在当前践行"两山理念"的过程中出现了一些不适当的倾向,我愿对这些倾向实事求是地提出一些自己的看法。

一、自然保护地区划和生态红线的划定有偏大的倾向

生态保护和修复是践行生态文明建设的重大项目。中国现在有11 000多处自然

---

* 第十九届全国森林培育学术研讨会暨人工林高效培育高峰论坛上的主旨报告。

注:本文作于2019年秋,笔者曾经以此文的观点为据给自然资源部领导写信反映意见。

保护地，占国土面积的18%。

最近，中共中央办公厅、国务院办公厅印发的《关于建立以国家公园为主体的自然保护地体系的指导意见》已指示要建设以国家公园为主的自然保护地体系，把自然保护地分成3类，即国家公园、自然保护区和自然公园。自然公园包括大量原来的森林公园、湿地公园、草原公园、花卉公园、海洋公园、地质公园、饮用水源地、风景名胜区等。这3类自然保护地有不同的保护强度要求。以往许多自然保护地有好几块牌子，现在正在调整定性，每一处只能挂一块牌子。

除了生态保护地外，我国林区还实施把森林区分为生态公益林和商品用材林的做法；其中被分为生态公益林的森林实际上也实施了相当严格的保护。

众所周知，严格生态保护是总的原则，但不同的生态保护地的保护严格程度应当区别对待。生态保护的强度（即严格程度）应该分为不同的层次。

生态保护最严格的应该是自然保护区，但自然保护区内还要区分核心区、过渡区和试验区，各有不同的保护强度和允许的经营活动。

生态保护次严格的是国家公园，既要严格保护，又要允许人民群众开展观赏、体验、自然教育等活动。但国家公园很大，内部情况差别很大，因此国家公园内部不可避免地也要划分不同区块进行分别对待。

对于自然公园来说，生态保护的强度要进一步放松，应该允许一些不太影响生态环境的经营项目在其中开展。

至于不属于自然保护地的地方，森林就可以按其归属林种进行区别对待。防护林和风景林要加强保护，但要允许抚育管理和人工更新等经营活动在其中开展；用材林、经济林和薪炭林（生物能源林）就可以在确保不伤害生态环境的前提下放开经营，包括一定采伐方式（伐区大小、间隔期、更新保障等）的择伐和皆伐作业。那种只区分为公益林和商品林的做法显然过于简单化。

森林的不同区分和红线的划分有着密切关系。什么样的林地应该纳入红线范围？纳入红线范围后有可能允许哪些经营利用活动？这些都是大问题。

现在的问题是，生态环境保护系统工作人员有把红线范围划大的偏向，他们以为纳入红线范围就有利于生态了，这是一种偏见。

我没有精力详细统计分析我国各类自然保护地的结构和比重，但从总体上我认为中国的生态保护地的设置达国土面积的18%是大了。许多发达国家都没有划那么多，一般不超过国土面积的10%。号称"世界公园"的瑞士只有不到4%，个别发展中国家的自然保护地面积比较大，是有特殊原因的。显然不应该把所有自然保护地都划进红线范围，起码第三类保护地中大多数或部分区域不应划入红线，给当地（包括区内和区外）群众多留一点生存空间，这也是我这几年在基层考察听到的大量基层人员的呼声。

保护和经营利用不是对立的，而是可以协调的。合理的经营利用不会影响生态保护。现在我们已经掌握这样的知识和技术，只有开展合理的经营利用才能更好地保护住绿水青山，使之成为金山银山。

有些人为了显示政治正确，实际上做过了头，采取了简单的一切都封起来的策略。这是不是不作为的另一方式？

2015年，我和美国一位著名林学教授Helms先生交流过。世界上在正确推进环境保护和可持续发展的潮流中也出现了一些偏向绝对化的支流，西方人称之为"环境主义者（environmentalist）"。有的人反对本可以接受的自然生态系统的经营利用项目，有的人主张不许伤害任何有生命之物，有人成为终身素食主义者，有人甚至过着苦行僧式的隐居生活。我们尊重这些人的生活方式，但对于大自然，我们绝大多数人还是要采取理智的对待方式。

自然生态系统的恢复是有弹性的，为了生存我们不可能避开一切对自然系统的干扰，只要不伤害自然生态系统的一定底线，它是能自然恢复的。我们也能帮助它加速恢复。人类是靠开发利用自然资源来繁衍生息的，人类曾经在一些区域和领域的开发利用超过了自然生态系统弹性极限，使大自然受了重创。我们应该觉悟起来，改正过来，用科学和智慧把一切经营利用活动控制在这个弹性空间内，以确保自然生态系可持续生存和发展。我们既要绿水青山，又要金山银山，这就是理智的选择。

二、天然林资源保护工程在践行中存在的一些偏向

从天然林区的过伐利用到林区"两危"（资源危机、经济危机），从实施天然林资源保护工程到天然林区全面禁止商业性采伐，70年来就是这么走过来的。天然林资源保护工程对我国生态保护全局发挥了很重要的积极作用，其成绩是有目共睹的。

我是天然林资源保护工程的主要倡议者之一，但我对天然林资源保护工程的执行现状并不满意，主要问题在于：

（1）没有明确除了建设生态屏障之外，还要有在一定时期内恢复到可持续经营的国家储备林基地的目标。现在有把全部林区都划成自然保护地的倾向（据了解，一些林区拟划入红线以内的面积将达到区域全部林区面积的70%～80%）。

2005年，中国工程院一项咨询研究项目（曾向温家宝总理汇报过）显示，东北林区（区分不同林区和林业局）需要长达20～40年的休养生息时间。吉林长白山林区、黑龙江牡丹江林区（有大量人工林）和伊春林区、大兴安岭林区有很大差别，应区别对待，不能一刀切。

害怕失控而宁可不作为和"一刀切"是典型的不相信基层的管理者、技术人员和群众的倾向，也损害了群众利益。

（2）存在单纯保护的倾向，没有明确通过森林培育提高森林质量和森林生产率的重点要求，由于害怕伐木失控而严格限制抚育采伐、林分改造及卫生伐的科学施行，使抚育伐失去应有效能。

（3）没有根据森林经理学的科学理论来确定允许采伐量，一切按上级行政指令行事。过去这样做造成了过伐，现在这样做造成了不实事求是的"一刀切"，限制了发展。

三、对伐木和木材利用的再认识

木材采伐在当前的中国舆论氛围中如此不得人心，这是很令我遗憾的。

早在1995年，我在教育部组织的进入21世纪各门类学科发展趋势的报告会上，论证了在一个自然资源日益枯竭、生态日益恶化的世界中，林业几乎是唯一的既能改善生态环境又能生产可再生资源的特别产业；并预测到21世纪，发挥林业改善生态和美化国土等公益功能必将超越其他功能而成为主要发展方向。

1996年春，我通过政协向中央提出了保护天然林的建议（当时主要针对长江上游的森林），后来得到中央的采纳，特别是朱镕基总理的大力支持，并于1998年开始了全国性的天然林保护工程。

2003年，中共中央、国务院共同发出的《关于加快林业发展的决定》，提出林业要从以木材生产为主转向以生态建设为主，这是大家都拥护的重大决策。

但是，林业的现实发展出现了一些新动向，一些林区因过度集中采伐而面临资源和经济的"两危"境地。

我的建议原意是要重视森林的重大生态功能，特别是要重视在大江大河源头的森林。我还认为前一个历史时期森林过伐严重，需要休养生息，待养精蓄锐、恢复元气（这是在森林生态系统可恢复的弹性空间之内）、质量得到提高和达到足够的木材蓄积量之后，森林才能再展雄风。

差不多就在这段时期以后，中国的相当一部分人对森林或林木采伐产生了憎恶的情绪，以徐迟的《伐木者，醒来！》为代表的一批文学作品可能起到了推动作用。但有些人忘记了森林工业曾经给国家工业作出了巨大的不可磨灭的贡献（可以说是为国家工业化提供了第一桶金），不了解木材是国家建设和民生发展不可或缺的重要原材料，不了解木材更是可恢复、可再生、低能耗、可降解的绿色材料。有一些人盲目反对伐木，到了令人啼笑皆非的地步。

这种现象并不孤立。

在我国南方已很成功的桉树造林虽有一些缺陷，但也有很大功绩，却受到了某些污名化和行政性禁令，本来卓有成效的营造速生丰产用材林计划销声匿迹，一些民营林的经营也受到种种的限制。

国家林业局印发的《林业发展"十三五"规划》，干脆就没有提到木材生产的指标，进口木材的数量已经超过全国木材消费的一半，无人管理和规划。

森林经营包括采伐利用，这是天经地义的，有些林业局已资源枯竭，怪我们没有把握好林区开发节奏。森林经理学中允许采伐量的科学计算方法从未得到应用；而一些成过熟林资源丰富的林业局，如吉林森工的红石林业局和露水河林业局虽有资源也不能利用，大大增加了人造板的生产成本而致使企业严重受损。为什么林区禁伐要一刀切呢？

森林采伐一定会破坏林区生态环境吗？非也。我们掌握的科学技术完全可以把采伐影响控制在很低水平，以及在森林可自然恢复的弹性空间内。

4万km^2的瑞士国，生态环境优异，却每年还要生产500万m^3木材，部分供出口。

塞罕坝机械林场建成京津冀的生态屏障,又成了生态旅游的乐土,但它同时还每年生产着10万 m^3(最多时20万 m^3)的木材,有什么不良影响吗?

广西以一区之功支撑了国家木材生产的近一半,年产达5 000万 m^3,广西的生态环境退化了吗?

我们几位学者曾配合国家林业和草原局多次呼吁,国家用材林储备计划及珍贵用材林发展计划才被批准,算是为今后合理森林经营利用开了个好头,但到现在为止实施面积太小,还解决不了我国木材短缺问题。

生态保护与修复是生态文明建设中的大项目,但要认识到生态保护与修复和自然资源的合理利用是可以协调共进的。不要忘了木材生产仍是森林资源利用的一个主项,长期依靠进口国外木材的方针不可取。我们在世界上已经有导致一些地区(东南亚、西非等)乱砍滥伐的坏名声。在林产品的产值中木材生产和木材工业的产值已经沦为了第三位。

听听以发达国家为主体的欧盟国家的"欧洲林业2040年愿景"提出的十大愿景目标吧!

第一条愿景就是开展森林可持续经营。

第二条愿景就是增进木材的可持续生产和流通。

……

第十条愿景是为全社会提供可再生能源。

欧洲的森林经营了200～300年,他们在资本主义发展初期也曾有过受到破坏的冲击,经过近100年的修复,现已进入正常的可持续经营的状态了。在这个修复过程中他们并没有停止采伐,只不过执行了更加严格的控制措施(采伐量、采伐区域、采伐方式等)。我国作为一个发展中国家是否能从中得到一些启示呢?

我知道我今天讲的许多看法可能不合一些人的口味,但作为一个老林业人,还是要把憋在心里的话说出来。我自己认为我的想法是更加符合习近平生态文明思想的。

作者简介

沈国舫，男，1933年生，著名林学家、生态学家、林业教育家，中国工程院院士，北京林业大学教授。曾任北京林业大学校长、中国工程院副院长、全国政协委员、中国林学会理事长、《林业科学》主编、中国环境和发展国际合作委员会中方首席顾问等，是国家林业和草原局、生态环境部的咨询委员会委员。

主编全国统编教材《造林学》和国家级规划教材《森林培育学》，为创建有中国特色的森林培育学作出重大贡献。在森林立地评价与分类、适地适树、混交林营造、速生丰产用材林培育、干旱半干旱地区造林、城市林业等多个方向取得了卓越成就。

发表论文200多篇，出版教材及专著20多部。先后获国家级科技进步一等奖1项，省部级科技进步奖7项。获得首都劳动奖章、全国五一劳动奖章、"绿色中国年度焦点人物"称号、中国工程院光华工程科技奖等荣誉。

生态系统保护与修复随想

唐守正

（中国科学院院士、中国林业科学研究院资源信息研究所研究员）

引 言

地球上现存的自然生态系统，包括森林、草原、荒漠、湿地、河湖水域、海洋，大多处在不同的退化阶段，需要区别对待、修复和治理。我国存在诸多的生态问题，如：人均淡水资源短缺、湖泊减少、水土流失、荒漠化、风蚀、水蚀、盐渍化、冻融化、沙尘暴、森林草地退化、生物多样性减少、环境和土壤污染等等。近年来，我国大力实施生态系统保护与修复措施，"加强生态系统保护和修复"首次被写进中央和政府文件。自1987年实施三北防护林建设等生态工程以来，我国生态保护和修复成绩卓著，但同时也有许多认识上的争论以及经验教训的总结。

一、干旱和半干旱地区生态修复

（一）关于水分平衡

三北防护林工程是我国启动最早、规模最大、时间最长的一项生态建设工程，已实施了5期，准备开展第6期。我国的荒漠化地区大多属于三北防护林、黄河中

---

* 第十四届中国林业青年学术年会上的主旨报告。

上游林业建设工程区。工程初期，国内出现了一些反对和质疑意见，认为沙漠是一个陆地生态系统，不可能被消灭，土地沙化是土地退化的一个阶段，应该遵循自然规律，无为而治。这种以自然修复为主的思想在我国长期存在，同时，国外也有很多绝对自然保护主义者。还有人认为西北地区少雨，一棵树就是一个抽水机，植树造林反而会加重干旱，甚至目前在南方造林也存在类似的疑问。三北防护林建设初期确实存在一些问题，例如由于病虫害或干旱缺水部分地区出现造林失败的现象，有人以此否定整个工程建设工作。虽然存在防护林建起来但却由于缺水死掉的现象，这些大都是由于防护林周边种植小麦或水稻导致地下水紧缺而造成的。实际上树木耗水量比农业低，尤其是水作农业，因为有树覆盖的地面蒸发量少，林子产生保水功能可以抵消水分消耗。同时在半干旱草原农牧交错地区，用3%的土地营造防风林，可以平均增加15%～20%的粮食产量。也有人认为造林只是改变了小气候，降雨是由大气环流决定的，造林没有任何作用。但是植树造林可以通过减少沙尘污染，降低空气中颗粒物含量，增加了云凝结成雨的机会，增加降水，这些已经越来越多地得到事实证明。

（二）主要治理方式

工程实施初期，工作人员先是固定沙丘，然后让植被长起来，创造了很多造林方法，如：在沙漠边缘营造乔灌结合的固沙林，固定流沙；在绿洲、农牧区和重要道路两旁营造防护林；在水土流失严重的黄土高原区，营造梯田或护坡林；在比较干旱的黄土高原区采用集水条造林护土；在植被比较好的地区采用封山、封草等手段恢复植被；在祁连山、六盘山、大兴安岭西部采用人工促进森林更新；在西部城市搞绿化；等等。这些措施统称"造林工程"。

20世纪末，三北防护林工程第3期完成，美国通过陆地卫星发现新疆地区出现了大量绿地，经过现场核实是人工造林。最近 Nature 也开始报道，世界绿地增加，中国贡献最大。由此可见，我国造林工程的成效已得到了世界认可。通过防护林建设，新疆现在成了棉花主产地，以前很难生产的库尔勒水果现在可以大量供应，同时防护林也确保了兰京铁路的畅通。中华人民共和国成立初期，甘肃、新疆部分地区的植被覆盖率只有2%～3%，但是现在恢复到了8%，说明工程是成功的，这些都是三北防护林产生的巨大生态效益。

二、森林生态系统及其经营

三北防护林工程最重要的是造林，也是森林生态系统工程，因此所有的问题都是涉及森林的问题。我国森林质量评价有很多的指标，其中单位面积蓄积量可以作为较好的指标。世界上每公顷蓄积量超过 300 m^3 的国家有 3 个，西欧每公顷蓄积量大概为 200 m^3，世界森林蓄积量平均约为 120 $m^3 \cdot hm^{-2}$，中国为 89.8 $m^3 \cdot hm^{-2}$（2014年统计），奥地利为 360 $m^3 \cdot hm^{-2}$。由此可见，我国每公顷森林蓄积量只有世界最好森林的 1/4。

（一）森林的分类（多样性）

森林生态系统具有多样性特征，我国森林按照自然地理分为 9 个分区、48 个区，按照森林起源分为天然林和人工林，按照森林覆盖类型分有 5 个林纲组、23 个林纲、200 个林系组、460 个林系，按森林演替阶段分为原始林和次生林，按森林的用途分为不同的林种，按受干扰程度分为原始林、过伐林、次生林、退化林。不同类型的森林需要不同的保护和修复方式，需要尊重自然规律，不能以偏概全，同时森林经营、森林培育也应该遵照其自然属性。

(二)森林经营概念

森林经营是林业活动的全部过程,它包括育种和育苗、林地整理、造林和更新、森林抚育和保护(田间管理),直到森林收获。美国《威斯康星森林经营指南》一书中定义:"一个森林经营体系是一个植被经营计划在一个林分整个生命过程中的实施。所有森林经营体系包括3个基本成分:收获、更新、田间管理。这些是为了模拟林分的自然过程、森林的健康条件和林分树木的活力。"

(三)现代森林经营的4个重要观点

一是森林经营目的是培育稳定健康的森林生态系统,稳定健康的森林生态系统能够天然更新,有一个合理的结构,它包括树种组成、林分密度、直径和树高结构、下木和草本层结构、土层结构等等。一个现实林分可能没有达到这种结构,需要以一些人为措施作为辅助,促进森林尽快达到理想状态,这就是森林经营措施。当地的顶极群落可以为好的生态系统提供参考。二是近代森林经营的准则是模拟林分的自然过程,如竞争、下木、地被、土壤、生物多样性、更新、物质与能量循环等。森林有其发展规律,通过模拟其规律让森林尽快恢复原生状态,原生状态是最好的,因为这是森林适应当地土壤的结果。三是森林经营包括林业生产的全过程,也就是全周期经营。森林经营包括整个生命过程,主要包括3个阶段:收获、更新、抚育(森林管护)。四是重视森林经营计划(规划或方案)的作用,不能将森林经营和森林计划混为一谈,林业和农业最根本的区别是面积广、生态周期长,因此需要长周期计划安排至整个森林过程,计划各个阶段的实施内容,经营计划需要多样性、科学性、实践性和法律保障性。

(四)森林经营理念的转变

森林问题的基本矛盾是森林保护和森林利用之间的矛盾。解决这个矛盾正是林学的重要任务之一。人类很早就提出"青山常在，永续利用"，已经体现出正确理解保护和利用的关系，但是几百年来这个理想并没有实现。1987年，世界环境与发展委员会提出"可持续发展"的定义。经过一系列林业国际行动，提出"森林可持续经营"，在1992年里约世界环境与发展大会上得到国际认可。林业的基本原则已经由"木材永续利用"发展为"森林可持续经营"。由"利用木材"转变为"经营森林"，其中包含着两个基本转变：一是森林转变为多功能，二是利用转变为经营。对于第一个转变，在1960年第5届世界林业大会后已经被大多数人接受，争论在于如何发挥森林的多功能（森林分工、系统经营）。第二个转变目前很少有人提及，其实这是最根本的转变，指出了发挥森林多功能的手段，指出了实现多年来提倡的"越采越多，越采越好"理想的技术路线。森林经营的目的是培育好的森林（生态系统），即森林经营的对象是森林而不是木材。因此，森林经营关注的重点在"山上"的森林而不是在"山下"的木质产品，这是现代森林经营的出发点和落脚点。

从国内经验来看，奥地利与我国吉林省同纬度，森林面积396万hm^2，只有吉林省森林面积（726万hm^2）的54.5%。但是奥地利坚持以森林经营为核心，其核心技术是"恒续林经营"，以保证森林连续覆盖，近十几年林木生长量年均达到1 500万~1 800万m^3，是吉林省近年木材生长量（约400万m^3）的3.7倍，同时每公顷蓄积量由1961年的238 m^3增加到约300 m^3，是目前吉林森林单位蓄积量（约116 m^3）的2.5倍。奥地利森林茂盛、生态优美、林业产业发达，真正做到了森林保护与利用双赢。

（五）以科学的理念指导森林经营

现代森林经营强调经营森林系统，森林是重要的可再生资源，加强可再生资源的培育和利用是社会发展的趋势。现代森林经营是解决森林保护与森林利用矛盾的重要途径。森林物质的收获以及发挥森林的生态功能和社会功能都是森林经营的重要产出。因此，没有森林经营也就没有林业。

三、发挥森林的多种功能

森林有三大效益：经济效益、生态效益和社会效益。如何更好地发挥森林的多种功能，需要遵循"保护、利用、科学、文明"的原则。明确保护目的，即生态系统保护的最高原则——种群动态平衡，保护需要遵循自然规律，可持续发展是最终目标。同时，需要面对森林火灾、病虫害防治、生物入侵、污染、气候变化带来的新问题。

作者简介

唐守正，男，1941年生，中国科学院院士，中国林业科学研究院资源信息研究所研究员，博士生导师，森林经理学家，林业数学家。曾任北京林业大学信息学院兼职教授、名誉院长，东北林业大学特聘教授，《林业科学》常务副主编，第九、第十届全国政协委员，全国政协人口资源环境委员会委员，中国林学会森林经理分会副理事长、计算机应用分会荣誉主任委员。2006年2月，被聘为国务院参事，享受政府特殊津贴。

长期从事森林调查、森林经理、森林数学，及计算机数学模型技术在林业中应用的研究。先后获得10项科研成果（国家科学技术进步二等奖2项、三等奖1项；林业部科技进步一等奖1项、二等奖4项、三等奖1项）；出版专著7部、译著1部，主编作品5部；在国内外发表论文170余篇。

生物质能源与炭材料技术的发展

蒋剑春

（中国工程院院士、中国林业科学研究院林产化学工业研究所研究员）

引 言

人类社会发展离不开能源，人类进步更离不开能源。传统的化石资源的过度使用已经引起了严重的资源和环境问题，不符合我国新时期发展的战略需求。因此，可再生资源的开发和应用迫在眉睫。生物质资源是一种重要的可再生资源。我国农林生物质资源丰富，每年产生可用作能源与材料利用的农林木质纤维生物质约5亿t，非木质纤维剩余物约200万t，废弃油脂约800万t。能源化是农林废弃物资源高效利用的主要途径之一，不仅可有效解决环境问题，也符合新能源战略需求。所以，生物质资源综合利用是推进绿色发展的重要切入点，对落实乡村振兴战略、建设生态文明具有重要意义。

一、生物质能源发展现状

热化学转化技术是生物质能源利用的主要方式，主要包括热解、气化、液化、燃烧、共燃以及干馏等。通过热化学转化技术，可将生物质转化为液体、气体和固

---

* 第七届中国林业学术大会上的主旨报告。

体，并进一步转化为高品质化学品、炭质吸附材料、液体燃油等产品，以及电能、热能、热电联产等能源。国内外生物质能源产业从资源收集到产品开发与应用，正逐步构建完整的产业链，实现生物质能源的综合、高效利用。

欧美发达国家大力推进生物质能源利用。美国曾计划2020年的生物燃料产量为1 360亿L；德国原预计2020年可再生能源在终端能源占比达18%，并到2030年达30%；瑞典原计划2020年可再生能源在终端能源占比达50%；日本曾计划2020年可再生能源在一次能源中占比达6%，生物燃料替代3%汽油。不同国家发展目标不同，尤其是欧盟国家，地平线2020计划（Horizon 2020）框架内，将推出预算为38亿欧元的"Bio-based Industries Initiatives"行动计划。

我国生物质资源的利用，主要有5个方面：肥料化利用、基料化利用、饲料化利用、材料化利用以及能源化利用。

生物质资源利用技术主要有以下几种：第一是生物质发电，包括与煤混燃发电、生物质直燃发电、生物质气化发电；第二是生物质气体燃料，包括生物质燃气、生物燃气、生物天然气、生物质合成气；第三是生物质液体燃料，包括燃料乙醇、燃料丁醇、生物柴油、生物汽油；第四是固体成型燃料，包括颗粒成型燃料、棒状成型燃料、块状成型燃料；第五是生物基材料和化学品，包括淀粉基全降解生物基材料、聚酯类生物塑料、生物基热固性树脂、生物基精细化学品、碳与活性炭材料。

中国生物质能源发展历程主要有6个阶段：第一阶段，1920年以前，该阶段是生物质初始利用阶段，主要将生物质用作薪柴做饭、取暖等；第二阶段，1920—1949年，生物质经过转化生产沼气；第三阶段，1949—1978年，生物质转化为户用沼气作为生活能源；第四阶段，1978—2003年，生物质用作农村能源，户用沼气、节柴灶以及成型燃料等新技术得以应用；第五阶段，2003—2015年，生物质通过气化、热解等技术转化为柴油、乙醇等能源产品；第六阶段，2016年至今，生物质转化为材料、化学品等商品能源。我国生物质能源的发展与我国经济水平息息相关。

活性炭是生物质热解过程中的一种重要产品，具有比表面积高、选择吸附能力强等特点，在化工、医药、水处理、军工、环保等行业应用广泛，是一种不可或缺的功能性吸附材料。公元前1550年，埃及有木炭药用的记载。1990年，活性炭概念形成，并在英国和德国出现专利报道。世界第一家活性炭生产工厂于1911年在奥地利建立，之后1914年第一次世界大战爆发促成了现代活性炭工业的大规模发展，并于20世纪60年代开始步入快速发展的轨道。我国关于活性炭的记载可追溯到明代，《本草纲目》中有运用木炭治疗腹泻和胃病的记载。1949年，沈阳东北制药总厂建设了第一台活性炭生产多管炉，我国活性炭生产步入现代工业化生产阶段。2017年，世界活性炭产量约为200万t，我国活性炭产量约占世界产量的1/3，是世界活性炭生产和出口第一大国。

二、研究成果

（一）非食用油脂能源化利用技术

生物柴油已经在全球应对资源和环境问题中扮演起重要角色。全球生物柴油产量约4 000万t，欧美国家占60%以上。我国生物柴油制备与利用起步较晚，但发展较快。目前，我国生物柴油产量约60万～100万t。通过基础研究和技术革新，实现了生物柴油的连续化生产和品质提升，已制备出高品质的富烃生物柴油。现阶段，生物柴油的生产技术主要有连续酯交换技术和连续催化加氢技术，例如，龙岩卓越新能源股份有限公司建立了年产量20万t的酯交换法生物柴油生产线，中石油公司研究员建立了年产量6万t的油脂加氢制备生物柴油装置。生物酶法制备技术安全环保，是生物柴油行业发展的一个重要方向。

（二）木质纤维液化技术

通过热化学转化方法，定向降解得到两类组成与化学性质相近的同类化合物，一类为木质素，另一类为纤维素和半纤维素。进一步通过定向液化，开发石油资源无法替代的生物质特色产品，实现木质资源全质高值化利用。主要技术有：混合糖苷一步法转化为乙醇丙酸酯关键技术，以及解离木质素制备树脂、高性能活性炭等综合利用技术。

（三）高端活性炭制造新技术

以林业剩余物资源为原料，针对目前活性炭生产中存在的孔结构调控方法缺乏、高性能产品缺乏、资源能源消耗大、环境污染等问题，通过技术创新与突破，创制出大容量储能活性炭、高效碳基催化剂、VOCs吸附专用活性炭等高端产品，引领活性炭绿色制造技术发展，满足储能、环保、化工等行业对高性能炭材料的应用需求。研制高端活性炭，促进其在未来军工领域的应用，如用作超级电容器电极材料，应用到移动通信基站、无线电通信系统等需要有较大脉冲放电功率的设备中。

三、发展方向

（一）木质纤维三素分离新策略

在绿色化学、原子经济性等概念指引下，重点研究木质纤维资源的分级分类的基础科学问题和新策略，创新木质纤维三素（纤维素、半纤维素及木质素）综合、高效利用的新技术和新方法。

（二）基因编辑技术对林木组成活性、有效成分的代谢调控

通过基因编辑获得有利于生物质资源高效利用的木质纤维原料调控关键基因、启动子等，改变木材中纤维素、半纤维素和木质素的合成通路，对其成分组成比例、成分结合方式进行调控。

通过基因编辑获得高产率、高质量的林木次生代谢产物。联合采用蛋白质工程、代谢工程以及合成生物学手段，实现对特定DNA片段的敲除、加入，以及对特定的单个或多个位点进行修改。

（三）提取物新物质的发现、鉴定与构效关系研究

加强对非木质资源如林源新物质的形成、代谢调控、提取鉴别、分离纯化和化学修饰等基础理论的创新研究。采用现代医药学、营养学和免疫学等方法，对林产植物有效成分的作用机理进行研究。

（四）林木生物质高附加值新产品和新材料的技术创制

生物质是具有生命体组织结构的原生态有机物，面向石化行业无法替代的、林化特色的高性能产品研制，应拓展和延伸产业链，形成以特色产品为先导，基础研究为支撑，全面发展的行业新格局。

生物质是可再生的碳循环资源。研究开发经济可行的绿色转化利用技术，为生态环境文明发展、人们高质量生活提供不可或缺的物质，是世界各国学者和企业家们共同努力的重要方向！

作者简介

蒋剑春，男，1955年生，研究员，博士生导师，中国工程院院士，我国林产化

工学科带头人。中国林学会林产化学分会理事长，生物基材料产业技术创新战略联盟理事长，中国可再生能源学会常务理事，中国农村能源行业协会副会长，生物质能源产业技术创新联盟副理事长。

创新了农林生物质热化学定向转化的基础理论与方法，突破了热化学转化制备高品质液体燃料、生物燃气与活性炭材料关键技术，构建了生物质多途径全质利用工程化技术体系，有力推动了我国农林生物质产业的快速发展。

获国家奖4项和省部级奖10项，授权发明专利85件，发表学术论文350余篇，出版学术专著2部。获得全国创新争先奖、"江苏省高校院所科技人员创新创业先进个人"称号、"'十一五'国家科技计划执行突出贡献专家"称号、"南京市'十大科技之星'"称号等荣誉。

第二篇

特邀报告

推进自然教育，共筑生态文明

赵树丛

（中国林学会理事长）

各位代表，同志们：

中国自然教育大会（全国自然教育论坛）今天开幕了，我向给予这次大会支持指导的国家林业和草原局、湖北省人民政府表示衷心的感谢！向一切热心于中国自然教育事业发展的中外专家、自然教育机构、自然教育基地和有关部门表示衷心的感谢！

人因自然而生，人是自然的一部分，人与自然是命运共同体，大自然是人类与生俱来的老师。面对近半个世纪以来频发的自然灾害、环境事件和气候变化问题，面对建设美丽中国的历史责任，面对人的自由而全面的发展，中国的自然教育应运而生、乘势发展。

特别是进入21世纪以来，许多专家学者、社会组织、政府部门及在华国际公益组织等开始关注自然教育，探索自然教育。一大批国家公园、自然保护区和自然保护地，各类森林公园、湿地公园、地质公园、海洋公园、城市公园等都在发掘自身的自然生态资源的新价值，积极为自然教育服务。

各类自然教育机构蓬勃发展。它们有些是自然保护单位的功能延伸，有些是民办非营利机构，有些是市场催生的服务型企业，有些是社会组织、基金会，还有一

---

* 中国自然教育大会（第六届全国自然教育论坛）上的主旨报告。

些是企业社会责任的展示触角。各类国民教育机构,特别是中小学及学前教育,也正在探索自然教育在提升受教育者素质、实现教育目标中的作用。

2012年,阿里巴巴基金会开始关注并持续资助自然教育项目,致力于唤醒社会公众的自然保护意识,培养青少年对大自然的敬畏之心。

2014年,一批富有社会责任感、活跃在一线的自然教育机构和专家学者,在厦门举办了"全国自然教育论坛",由此发展形成全国的自然教育网络。

2018年,新一轮国家机构改革后,各类自然保护地统一由国家林业和草局负责管理。目前,全国各级各类自然保护地达1.18万个,占国土陆域面积的18%,这些都是开展自然教育的优质资源。2019年4月,国家林业和草原局印发了《关于充分发挥各类自然保护地社会功能 大力开展自然教育工作的通知》,这是第一个由国家政府机构发布的全国自然教育文件,也是服务大众民生的新举措。

2019年4月,中国林学会在杭州召开全国自然教育工作会议,应全国300多家自然教育工作机构倡议,成立了全国自然教育总校,打造了服务自然教育机构(基地)、满足自然教育受众需求特别是青少年群体需求的全国性新平台。

这次大会,有政府有关部门、企事业单位、社会组织、国际组织、各类自然保护地、城市公园的中外专家、从业机构代表共1 000多人参加,有2个大会主论坛、20个专题性分论坛,有《中国自然教育发展报告》的重磅发布,有自然教育嘉年华的现场展示,有自然教育好书奖的颁发,有北斗自然乐跑首场赛事的举办,有一批自然教育学校(基地)、自然教育课程的推出,有自然教育社团标准的发布,还有手工坊制作,等等。这是我国自然教育发展史上的一次历史性盛会,展示了我国自然教育发展的新成果、新水平,标志着我国自然教育发展进入新阶段!我们完全有信心,这次大会将取得圆满成功,将为中国自然教育作出重大贡献!

本次大会的主题是"推进自然教育,共筑生态文明"。这既是中国自然教育的根本方向，也是每一位自然教育工作者的历史使命。为此，我希望我们在以下几个方面形成共识：

（1）推进我国的自然教育健康发展必须坚持以习近平生态文明思想为根本指导。要紧紧围绕党和国家关于生态文明建设的战略部署和一系列要求，服务生态文明建设总体任务。要厘清自然教育的核心价值，积极引导公众特别是青少年牢固树立"生态兴则文明兴、生态衰则文明衰"的生态历史观，倡导"自然是我师，我是自然友"的环境友好理念，坚持人与自然是生命共同体，追求人与自然和谐共生。

（2）推进自然教育健康发展必须坚持行业的公益性，加强行业自律。自然教育是大众需求，公益性是其重要特质。要以服务为本，正确处理公益与盈利之间的关系，注重社会公众对自然教育行业的理解和评价，满足受众群体的新期待和新需求。

（3）推进自然教育健康发展必须加强相关标准体系建设，推动行业规范化。要大力推进自然教育行业系列标准、指南、规范等制定，完善自然教育标准体系，推动我国自然教育行业规范有序发展。

（4）推进自然教育健康发展必须加大人才培养力度，建设专业人才队伍。要建立人才培训规范，加大专业人才培训力度，建设一支规模宏大的高素质专业人才队伍，满足自然教育的人才需求。

（5）推进自然教育健康发展必须不断加强自然教育学校（基地）建设，提升教育活动质量。要按照不同类型的自然教育学校（基地）建设规范，不断推进自然教育学校（基地）发展，有序开展活动质量评估。国家公园等各类自然保护地、各类自然公园和城市公园、郊野公园等应充分发挥其自然教育功能，服务于自然教育活动的开展。

（6）推进自然教育健康发展必须推动多元化社会参与，寻求合作共赢。要充分调动各有关社会组织、企事业单位、科研机构和专家、学者的积极性，形成政府支持、社会广泛参与、行业自律规范、资源共享的自然教育发展新格局。

（7）推进自然教育健康发展必须加强理论研究，形成具有我国特色的自然教育理论体系。自然教育是一门学问。要针对自然教育，尤其是关键领域和核心问题，进行理论研究，明确行业发展的战略框架、发展目标、核心策略、功能定位、重点领域等，用科学的理论指导自然教育健康发展。

各位代表，同志们！我们肩负着新时代自然教育发展的新使命，肩负着社会公众对自然教育的新期待，肩负着建设美丽中国对自然教育的新要求，今天的大会将是我国自然教育迈向更高水平的新起点。我们将汇集各方力量，以全新的姿态、百倍的努力投入到全国自然教育中去。今后，我们将每年举办一次中国自然教育大会，打造我国自然教育的最高展示平台！

最后，预祝大会圆满成功！

谢谢大家！

作者简介

赵树丛，男，1955年生，山东诸城人。中国林学会理事长，亚太森林恢复与可持续管理组织（APFNet）董事会主席。医学学士，毕业于山东医学院；工商管理硕士，攻读于大连理工大学。曾在山东医学院从教工作十年，先后在山东、安徽做过县、市、省的政府领导工作。2011—2015年就职于国家林业局，任副局长、局长。先后在《人民日报》《求是》《学习时报》《经济日报》《光明日报》《领导科学》《中国绿色时报》等报刊就林业与生态、林业改革、农村农业经济管理、医药卫生改革发表过多篇文章。多次参加中美战略对话和亚太林业部长级会议。2015年，被世界自然基金会授予自然保护领导者卓越贡献奖。

我国城市林业发展和森林城市建设的回顾与展望

江泽慧

（国际竹藤组织董事会联合主席、国际木材科学院院士、国际竹藤中心主任）

各位领导，各位专家，同志们：

大家上午好！

利用今天这个机会，我重点就我国城市林业发展历程、亚欧城市林业合作以及未来发展思路谈谈我的一些思考，与大家交流。

一、城市林业理论创新为我国森林城市建设的蓬勃发展注入了强劲动力

溯源历史，中国曾经是世界上城市化历史最悠久、城市化规模最高的国家之一。回顾近代，中国的城市化规模和水平落后于西方发达国家。我国的城镇化水平，在1949年中华人民共和国成立时为10.6%，1978年改革开放初期为17.9%，到2017年底城镇化率达到了58.5%。当然，与欧美发达国家80%左右的城镇化率水平相比，还有一定差距。

---

* 城市森林与竹藤科学融合发展研讨会上的主旨报告。

面向未来，中国应该也必将再次站在世界城市化的前列。我国正处在城市化快速发展的历史时期，城镇化率还将在今后几十年内维持一个较高的增长速度，预计到 2030 年达 65%，力争到 2050 年超过 70%，届时我国将基本完成城市化进程。

客观地说，中国的城市化成就突出，但推进生态绿色的城市化，依然面临如何治理大气污染、水体污染、噪声污染、热岛效应等生态环境问题的巨大挑战。面对挑战，大力发展城市森林，建设森林城市，已经成为中国政府推进生态绿色城镇化、建设生态文明社会的必然选择。具有战略意义和里程碑意义的是，城市林业战略首次被纳入了 2003 年 9 月中共中央、国务院发布的《关于加快林业发展的决定》，开启了中国城市林业研究和森林城市建设的新时代。

回顾中国城市林业发展和森林城市建设的历程，令人欣慰和自豪的是，中国在城市森林体系构建的理论和实践等方面均取得了为世人瞩目的、创新性的研究成果。这些重大进展和成果的取得，首先是各方共同努力和付出的结果；同时，值得铭记的是，这些重要进展和重大成果的取得，也离不开中国林业科学研究院首席科学家、中国城市林业研究和森林城市建设的开拓者彭镇华教授的辛勤付出、智慧结晶和独特贡献。

今天大家都知道，森林生态安全建设是一项系统工程，是国土生态安全建设的重要组成部分。彭镇华教授作为我国基于国土生态安全科学谋划林业空间布局的倡导者、先行者和实践者，早在 20 世纪 90 年代，就针对我国生态危机的严峻现实，立足于国土生态安全的战略高度，提出并主持开展了中国森林生态网络工程体系建设研究。他从我国森林资源现状与分布特点出发，以提高森林质量和效益为目标，提出了面向维护国家生态安全，"点、线、面"结合的中国森林生态网络体系工程建设的新理论、新思路和新模式。其中许多重要研究成果都成了 2003 年"中国可持续发展林业战略研究"这一国家级战略研究的核心内容，为党中央、国务院作出《关于加快林业发展的决定》提供了重要的决策支撑。时至今日,全国林业生态建设布局和重点工程建设中"点、线、面"的理论和方法都依然得到重视和应用。

随着我国城镇化进程的加快,绿色城镇化的理念和实践已成为今天的发展主流。早在21世纪初,彭镇华教授作为我国城市森林学科的奠基者和学术带头人,面对日益恶化的城市生态环境,就具有前瞻性地站在了推进绿色城镇化的战略高度,组织团队在全国率先开展了从理论到实践的城市林业研究与示范,创新性地提出了"林网化与水网化相结合、城乡一体建设城市森林"的理念,以及面向城市群开展森林规划建设等一系列新理论、新观点,成为我国森林城市建设的核心思想。他把国家林业战略与地方林业发展相结合,先后主持完成了北京、上海、广州、成都、深圳和浙江、江苏、福建、湖南、江西等6省8市的林业发展战略研究与规划,并积极推动战略规划的落实,极大地提升了地方林业发展水平。彭镇华教授亲力亲为,组织领导了全国城市林业研究团队和示范城市大协作,先后9次在中国城市森林论坛作主旨报告,为8省20多个城市做了现代林业与城市森林的学术报告,在4届亚欧城市林业国际会议上宣传中国城市森林建设成就与科研成果,对推动我国城市森林建设以及亚欧城市林业合作发挥了重要作用。他出版的"中国森林生态网络体系工程建设"系列著作,成为我国林业领域首个被国家新闻出版署列入的国家重点图书出版规划项目,诸多研究成果极大地推动了我国森林城市建设大发展、大繁荣。

值得欣慰的是,由彭镇华教授亲自策划和指导,自2004年贵阳被第一个授予中国森林城市以来,15年来,我国的森林城市建设得到了许多省(自治区)、城市政府的积极响应,赢得了老百姓的真心欢迎,取得了显著的成效。到2018年,全国有300多个城市开展了"国家森林城市"建设,其中165个城市获得"国家森林城市"

称号；有22个省份（自治区）开展了森林城市群建设，18个省份（自治区）开展了"省级森林城市"建设，建成了一大批示范性的森林县城、森林小镇和森林村庄。根据统计，森林城市建设期间，每个城市年均新增森林绿地面积20多万亩，折合新增城市森林覆盖率近1个百分点，城市居民对森林城市建设的支持率和满意度都超过95%。

二、亚欧城市林业合作为我国森林城市的健康发展分享了独特经验

中国的城市林业发展和森林城市建设还与中欧城市林业合作结下了不解之缘。双方在该领域的理念分享、技术共享和建设合作，在助推了我国城市林业与国际接轨的同时，也创新展示了独具魅力的中国森林城市特色。回顾这一合作历程，中国林业科学研究院和国际竹藤中心发挥了不可替代的引领作用。

在2000年韩国汉城第三届亚欧领导人会议就森林保护与可持续发展问题达成很重要的政治共识后，2001年6月由中芬两国政府在贵阳联合举办了"亚欧森林保护和可持续发展"国际研讨会。我时任中国林业科学研究院院长，派出团队参加了这一次重要的国际会议，大会发布了《贵阳宣言》，确立了亚欧森林科技合作框架。并且在2002年泰国清迈会议上，在我和中国林业科学研究院推动下，首次把亚欧城市森林网络建设纳入了林业科技合作框架，并确定由中国林业科学研究院代表亚洲，由丹麦森林、景观与规划研究所代表欧洲组成城市森林网络执行机构，并分别派出协调员，共同推动该领域的合作与发展。这次会议正式把城市森林纳入亚欧森林科技合作网络，全面启动了亚欧城市森林合作。

为进一步深化亚欧城市林业领域的务实合作，在国家林业局的大力支持下，我和中国林业科学研究院团队与丹麦、芬兰团队密切合作，从2004年到2010年的7

年间，亚欧双方联合举办了 4 届城市林业大会，取得了重要成果和积极影响。

2004 年，基于亚欧双方确认的优先启动亚欧城市森林网络合作的共识，首届亚欧城市林业研讨会先后在江苏省苏州市和北京市两地成功举办。会议围绕"城市林业的社会经济文化价值"这一主题，开展了深入广泛和富有成效的研讨会交流。特别是中国林业科学研究院首席科学家彭镇华先生在大会作了主旨报告《中国城市林业规划的理论与实践：北京林业发展战略研究与规划》。作为会议成果，通过了促进亚欧城市林业发展的倡议。

此后，于 2006 年、2008 年和 2010 年，分别在丹麦哥本哈根、中国广州和丹麦哥本哈根，成功举办了 3 届亚欧城市林业研讨会。

此后，亚欧城市林业合作以不同方式得以继续推进。2013 年中欧领导人会议期间，我和国家林业局国际竹藤中心、国家林业局城市森林研究中心和国际竹藤组织联合在北京成功举办了高层次的中欧城市林业与绿色城镇化研讨会。我在会上作了题为《建设城市森林，推动绿色城镇化进程》的报告，系统分析了森林在城镇化进程中的独特地位和作用，并对中欧城市林业合作提出建议和意见。2016 年，由国际竹藤中心承办的首届国际森林城市大会在深圳成功举办，同年还在珠海举办了亚太城市林业论坛。此外，亚欧城市林业合作在学术研究领域也开展了许多富有成效的活动。

通过一系列城市林业和森林城市国际研讨会的成功举办以及科研项目的合作研究，亚欧双方探讨交流了城市林业科技领域的最新进展与成果，推动了亚欧特别是中国城市林业的科技创新、学科建设和团队建设；传播了城市森林景观设计、树种选育、经营管理以及城市林业发展政策与规划等新理念；激发了公众和社会对城市森林的关注与参与。

三、中国城市林业和森林城市具有十分光明的发展前景

党的十八大以来，习近平总书记对城市生态建设高度重视，先后作出了一系列重要指示。习近平总书记多次强调，必须着力开展森林城市建设。森林城市建设，是补齐城市生态基础设施短板，提升城市居民生活品质，保障城市生态安全，推动绿色、生态型城镇化的重大战略抉择与行动。习近平总书记在 2019 年 4 月 28 日出席中国北京世界园艺博览会开幕式时，发表了题为《共谋绿色生活，共建美丽家园》的重要讲话，强调"我们要像保护自己的眼睛一样保护生态环境，像对待生命一样对待生态环境，同筑生态文明之基，同走绿色发展之路！"着力开展森林城市建设，已成为习近平总书记对推动林业发展的新要求，已成为实施国家发展战略的新内容，已成为人民群众对享受良好生态服务的新期待。

为此，国家林业和草原局提出，我国将力争到 2020 年，初步形成符合国情、类型丰富、特色鲜明的森林城市发展格局，建成 6 个国家级森林城市群、200 个国家森林城市；到 2035 年，城市森林结构与功能全面优化，森林城市质量全面提升，城市生态环境根本改善，森林城市生态服务均等化基本实现。

在这里，对我国未来的森林城市建设，我提出 3 点建议：

第一，注重创新森林城市发展理念，打造协调完备的自然生态系统。

在森林城市建设中，关键是要注重林水结合和近自然森林经营。"林水相依"不仅符合中国人多地少、城市周围以农田为主及城市森林有限的国情和市情，"林网化与水网化"的建设理念和成功实践，对今后我国的森林城市建设具有积极的指导意义。同时，用近自然森林理念指导森林城市建设，将有效模拟和再现自然山林环境，并且可以从森林生态系统的结构整体性、功能自调节性、景观配置协调性和连通性等多个角度，最终在整个城市行政管辖范围内，全面构筑起近自然的和功能完善的

城市森林生态系统。

第二，创新森林城市共建共享发展模式，丰富森林城市文化内涵。

森林城市的建设过程，实质上是生产公共产品和提供公共服务的过程。因此，在推进森林城市建设实践中，关键是要以人为本。森林建在哪里？建什么样的森林？如何管好用好森林？均要体现以人为本。这就要求，城市森林绿地建设必须最大程度地发挥城市生态系统服务功能，改善人居环境，提升城市居民的健康水平与生态福祉。

与其他类型森林不同的是，城市森林作为生态文化的最主要载体，承载着丰富的生态文化内容，具有传播生态文化的重要功能。因此，在森林城市建设中，一是要全面普查、收集、整理城市发展和环境变迁中，居民生活、生产、人居、宗教等人文历史中蕴含的与森林、树木相关的生态文化，构建和完善城市森林文化和城市生态文化体系。二是要加强生态文化示范基地、森林公园、生态文化村、森林人家、森林博物馆、自然保护区等主要生态文化载体的建设，积极开展生态文化宣传、教育和普及活动，让全社会每位成员都自觉承担生态责任和生态义务。

第三，创新城市林业国际交流与合作，分享森林城市发展经验与成果。

森林城市建设能否取得成功，关键还在于：一是要搭建好森林城市建设交流的国际平台。要在过去15年与欧洲合作伙伴开展的富有成效的城市林业发展基础上，继续探索如何与时俱进，继续办好亚欧城市林业与森林城市研讨会；要在2016年深圳首届国际森林城市大会成功举办的基础上，力争在2020年筹备举办好第二届国际森林城市大会。二是积极参加到森林城市建设的政策对话中，交流观点，通过搭建有效的国际合作平台，开展对话，分享经验，在海纳百川的同时为全球城市治理贡献森林城市建设的中国方案，提升中国在世界城市林业领域的话语权和影响力。

谢谢大家！

作者简介

江泽慧，女，1936年生，国际木材科学院院士，教授，博士生导师，木（竹藤）材科学与技术学科带头人。第9～12届全国政协人口资源环境委员会副主任，国际竹藤组织（INBAR）董事会联合主席，国际竹藤中心（ICBR）主任、首席科学家，中国花卉协会会长，中国生态文化协会专家指导委员会主任委员。加拿大阿尔伯塔大学法学名誉博士，俄罗斯圣彼得堡国立林业技术大学名誉博士。曾担任安徽农业大学校长和中国林业科学研究院院长。

长期从事森林利用学、木（竹藤）材科学与技术以及生态学等学科领域的教学、科研和科技管理工作，先后主持或参加国家重大科技攻关项目、国家自然基金项目、国家攀登计划项目、科技支撑项目、重点研发项目、全球环境基金（GEF）项目、国际热带木材组织（ITTO）项目和商品共同基金（CFC）项目等40余项。研究成果获国家科技进步一等奖1项、二等奖3项，省部级奖8项。授权专利110余项，出版专著50余部，在国内外刊物发表学术论文500余篇。先后培养林业工程学科研究生、博士后100余名。

第三篇

专家报告

关于人工林定向培育理论与技术研究的思考

方升佐

（南京林业大学林学院教授）

一、实行人工林定向培育的战略意义

（一）对人工林定向培育概念的理解

1. 应将定向培育作为一种森林培育的科学制度

定向培育是指根据经济、社会和生态上的技术要求，确定相应的培育目标，然后根据造林地区和造林地的条件，造林树种或树种组合的特性，以及当地的经济水平和技术水平，采用相应专向、系统、先进、配套的培育技术体系，以可能的最低成本和最快速度达到定向要求的一种森林培育制度。

2. 定向培育与分类经营既相关又不同

分类经营是定大的方向，而定向培育是定具体的目标方向和相应的技术体系，分类经营可以看作定向培育的第一个层次（商品林、公益林、兼用林）；定向培育又是分类经营的必然要求，商品林、公益林和兼用林都存在定向培育的问题。

---

* 第十四届中国林业青年学术年会 S1 森林培育分会场上的特邀报告。

3. 定向培育与林种密切相关

按《中华人民共和国森林法》规定，森林分为五大林种：防护林（水源涵养林、水土保持林、防风固沙林、农田、牧场防护林，等等）、用材林、经济林（果品林、食用油料林、饮料林、调料林、工业原料和药材林等）、薪炭林、特种用途林（国防林、环境保护林、科学实验林等）。

4. 人工林定向培育以林分为基础

简单地说，人工林定向培育按最终用途所确定的对木本资源原材料（木材、叶、果等）的要求，采用集约经营等科学管理措施缩短营林周期，生产出种类、质量、规格都大致相同的，具价格竞争力的大批原料，使工业与原料生产之间关系密切，实现产品质量和效益的提升。

（二）实施人工林定向培育的意义

1. 是乡村振兴国家战略的需要

党的十九大提出实施乡村振兴战略，并将其写入党章，这是重大战略安排。实施乡村振兴战略，开启了加快我国农业农村现代化的新征程（图1）。

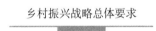

产业兴旺、生态宜居、乡风文明、治理有效、生活富裕

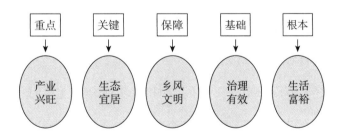

图1 乡村振兴战略的总体要求

2. 是保障国家木材安全的需要

我国人工林保存面积 0.69 亿 hm^2，蓄积量 24.83 亿 m^3，人工林面积仍然处于世界首位。但总体来看，总量不足、质量不高、分布不均的状况仍未得到根本改变。我国森林覆盖率只有全球平均水平（31%）的 70%，排在世界第 139 位；人均森林面积 0.15 hm^2，相当于世界人均占有量的 1/4；人均森林蓄积量 10.98 m^3，相当于世界人均占有量的 14%；每公顷森林蓄积量仅为世界平均水平的 69%，现有用材林中可采面积仅占 13%，可采蓄积量仅占 23%；目前，我国木材对外依存度已经接近 50%。

3. 是落实精准扶贫的需要

据统计，全国农民来自林业的平均收入已占总收入的 17%。但总体来看，林区和林农仍然是全面建成小康社会的"短板"。占我国国土面积 69% 的广大山区以及占我国总人口 56% 且收入水平相对较低的山区人口，恰恰反映出林业发展的重要性和巨大潜力。绿水青山就是金山银山，发展林下经济，开展多种经营，做大做强特色经济林产业是促进林区职工和林农增收的重要途径。实行定向培育，可以实现生态与产业协调发展、兴林与富民双增双赢，确保林农全面脱贫。

二、人工林定向培育的现状和发展趋势

（一）人工林定向培育的研究现状

1. 森林多功能培育理论不断完善

以森林可持续经营为基础的一系列森林多功能培育创新理论被提出，逐渐成为指导森林培育发展的基础。美国提出森林生态系统经营理论，强调把森林建设为多样的、健康的、有生产力的和可持续的生态系统，以产生期望的资源价值、

产品、服务和状况。德国提出的"近自然林业"森林多功能培育理论，主张按照完整的森林发育演替过程来计划和设计各项经营活动，优化森林的结构和功能，永续利用与森林相关的各种自然力，不断优化森林经营过程，实现森林的多功能利用。

2. 用材林定向培育取得良好进展

定向培育仍是世界范围内用材林培育的主要方向，国外对材种要求越来越高，配套的定向培育技术也越来越细致，目前定向培育材种包括纸浆材、建筑材、胶合板材、薪材、矿柱材等。近年来，我国在纸浆材、胶合板材等材种上取得长足进展，不同地区已初步研究形成多个用材树种定向培育技术体系，部分定向培育技术居国际先进水平。如桉树纸浆材定向培育技术，杨树胶合板材和纸浆材定向培育技术，杉木、落叶松、马尾松大径材定向培育技术等。特色经济树种（叶、果实、皮等）和珍贵树种定向培育技术体系尚处起步阶段。

3. 模式化栽培是实现定向培育的重要手段

实现定向培育的手段是多方面的，但经营模型的建立则是达到此目的的基础。经营模型的建立以大量的基础研究为前提，如果没有大量的基础研究作为后盾，得到精度高的经营模型是不可能的。经营模型的原理与依据大致可分为以下 4 类，但森林生长机理和结构的复杂性随着时间（从秒到数千年）和空间（从分子到景观水平）水平的变化而增长。

（1）以生态学理论为基础的森林经营模型：以 Kimmins 等研制的 FORCYTE 模型为代表，主要研究养分对森林生长的影响。

（2）以单木生长理论为基础的森林经营模型：以模拟个体树木生长信息为基础的林分生长模型，可以模拟同龄林、异龄林、混交林及不同经营措施下林分未来的发展情况。2005 年引进森林植被模型（FVS）属于与距离无关的单木模型。

（3）以林分生长为基础的森林经营模型：全林分模型主要以林分总体特征指标变量为基础，如立地指数、林分密度等作为自变量。

（4）以生态生理学原理为基础的单株生长模型：以植物生理过程、物理过程为基础的各种生理生态学模型逐渐发展起来，而植被冠层尺度生理生态学过程模型已成为生态系统模型的核心之一。

由于长时间和大区域的森林机制很难用实验研究获得，我们对相关机制的了解，如从分子和细胞水平上的生理和生化机理到生态系统和区域水平上的进化和演替机制，是在不断减少的（图2）。

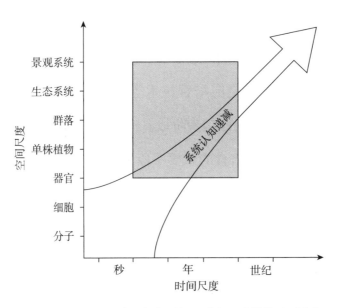

图2　森林生长研究和模拟（灰色阴影部分）与时间－空间尺度的关系（引自Pretzsch，2009）

（二）人工林定向培育的研究趋势

1. 人工林定向培育的实现途径

实现定向培育必须以定向目标、定向基础、栽培技术为前提，最后集中体现在经营模型上（图3）。

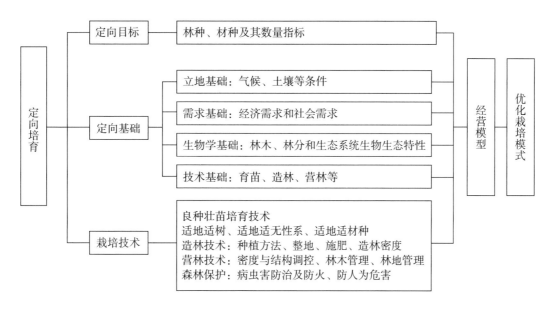

图 3　实施人工林模式化定向培育的路径

2. 加强机理性模型和混合型模型的研究

随着世界各国对全球气候变化研究的日益关注，将林木自身和生长环境对林木生长的生理生态过程的影响纳入林分生长和收获模型的建立中来，是目前林分生长和收获模型发展的重要趋势。

机理性模型更贴近林木生长的实际状态，更加注重森林的生态功能，更能科学地解释森林生长演替过程，模拟精度更高。如 FVS-BGC 就是一个机理化兼混合型模型，它依托于 FVS，是 FVS 的一个扩展模块。该模型中的林木生长是通过气候数据驱动的，反映林木之间竞争、获取光和水的过程。机理性模型是混合型模型的一种，混合模型是指将过程（机理）模型和林分与生长收获模型结合起来模拟森林动态变化的模型。

3. 重视 GIS 和林分可视化技术的研究

近年来，随着人们对树木的生长机理、森林生态系统的模拟与预测研究的日益重视及计算机技术的进一步提高，人们已不再满足用简单的二维图形来表达树木的形态，而是追求用更完美的三维图像及采用其他可视化工具来对林分的生长动态进行实时仿真及模拟。目前，无论是全林分模型还是单木模型，都是模拟单一林分，因此林分生长和收获模型与 GIS 相结合，将有助于模拟景观或更大空间尺度的林分生长和收获。

4. 强化模型系统性和实用性的研究

目前，国内外学者越来越重视模型系统化研究，将反映林分特性的各种模型如直径生长模型、树高生长模型、枯死模型和林分收获模型等集成模型系统。模型系统中的子模型是单独拟合的，而系统模型则是用同一数据拟合所有方程的参数；林木生长和收获模型正逐步由简单的人工同龄纯林模型深化到复杂的天然异龄混交林模型。

5. 双维系统法是人工林模式化定向培育研究的方法论

人工林经营模型的研究方法取决于人工林生态系统的特性。客观上是由于人工林生产是一个复杂的大系统，具有因子多、关系复杂、边界模糊、弹性大、周期长、追踪困难等特点，给研究工作带来许多困难。

（1）黑箱方法（机理不清楚）

黑箱方法的基本思想是将人工林生态系统看成一个黑箱，以系统工程的方法为基本手段对人工林生态系统模拟进行研究。具体做法是在田间试验、调查研究、获取大量数据资料的基础上，借助计算机进行环境辨识和建立栽培技术措施（密度、轮伐期、间伐等）与产量的关系模型，以及分析、模拟、优化和筛选技术措施水平寻求优化组合，然后按生产时序组装成总体化的优化栽培技术方案，并在推广、应用中反馈调整，逐步完善。其研究过程见图 4。

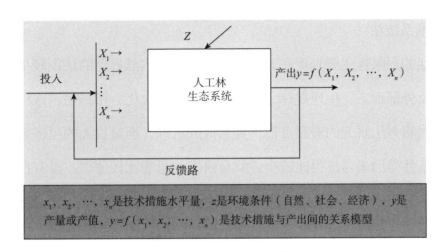

图 4 黑箱方法

（2）白箱方法

白箱方法（图5）是以系统论为指导思想，在研究个体和群体的生长规律与林木（或林分）叶、冠、根等器官间的关系，以及林木、林分高产的形态、生态指标的基础上，研究分析栽培技术措施与器官生长及外部形态、生态指标之间的关系。然后结合两方面的研究成果研制高产的栽培技术措施，并在推广应用中进一步反馈调整优化。

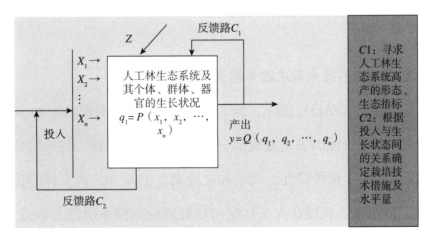

图 5 白箱方法

（3）双维系统法

黑箱方法的局限性主要表现在对林木生长规律及内部机理的认识较少，没有把林木器官生长及外部形态、生理规律、生态特性进行模式化、指标化，这样就在实践上难以运行。白箱方法研究的着眼点是产量形成的机理，而对投入的经济效益、生态效益以及社会条件等因素考虑得比较少，综合研究的思想比较薄弱，没有把栽培技术措施进行综合研究和分析。而双维系统法取两种研究方法的优点和长处，避其不足。

（4）FORECAST 模型

一个森林生态系统的生产力大小取决于该系统的叶量和光合效率情况。对于某一个特定的树种来说，光合效率的高低取决于光照条件和叶片中的氮素含量这两个因素。氮素含量的多寡则由系统养分循环（包括植物的吸收、在植物体内的运输和转化、通过凋落物回复到土壤表面以及回复的营养元素的矿化和固定过程）状况的好坏来决定。叶片中的氮素含量是一个能反映系统的物质生产、养分循环以及环境良好与否的综合性指标。FORECAST 模型的主要生态系统组分及转化途径见图 6。

三、我国该领域存在的问题和挑战

（一）人工林定向培育的技术需求越来越高

联合国粮农组织（FAO）预计，到 2030 年人工林的面积将增加 30% 左右，人工林正成为世界森林资源的关键组成部分，并且在整个森林可持续经营中发挥着越来越重要的作用。由于树种特性、气候和立地条件的差异，人工林的定向培育目标明显不同。近 20 年来，我国在人工林定向培育理论与技术研究上取得了长足进步，为我们将来在人工林定向培育的理论研究和技术突破提供了可能，但也面临不少问题和挑战。

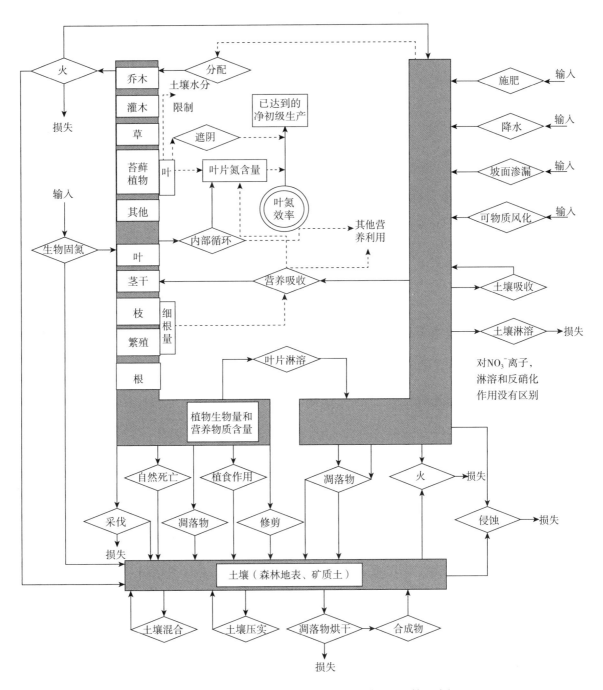

图6 FORECAST 模型模拟的主要生态系统组分及转化途径

第一，造林重点向中西部及困难立地转移，加快造林进度和提高造林质量的难度越来越大。

第二，现有人工林质量精准提升任重道远。目前，人工林存在的问题有：人工林质量和林地生产力低下；人工林树种单一化的趋势没有根本改变；缺乏森林可持续经营的政策和手段；林木良种繁育和优质种苗缺乏；森林培育科研成果推广不力等。

（二）人工林定向与多目标培育需协调发展

定向培育仍是世界范围内人工林培育的主要方向。然而，受全球气候变化、生态环境恶化等因素的影响，森林的固碳增汇、水源涵养、土壤修复、生物多样性保护等生态和社会功能的提高，多目标森林培育已经越来越为许多国家所重视。如杨树、柳树等速生树种主要作为纤维材、生物质能源等，但又具有固碳、土壤生物修复功能，必须加强研究的系统性和综合性。

1. 人工林定向培育应用基础研究偏弱

(1) 主要树种用材林定向培育研究的系统性和精度有待提高

通过研究，目前已提出了杉木、马尾松、落叶松、杨树等树种的优化栽培模式，促进了我国人工林培育研究向深度和广度发展，推动了我国人工林栽培技术的进步。例如，落叶松定向培育一体化的技术支撑体系（纸浆材＋结构材）。分区提出了落叶松纸浆材速生丰产培育配套技术；构建了落叶松人工林形态和材质基础模型系统；揭示了落叶松人工林时间和空间尺度上结构变化规律；提出了大中径材空间结构优化的优质干形培育配套技术、杨树定向培育技术体系（纸浆材＋胶合板材）。针对南方型杨树人工林，利用不同立地、不同品种多年的样地监测数据，研建林分生长模型，开发出"南方型杨树人工林计算机经营模拟系统软件（STPPCMSS）"，为我国南方型杨树培育技术决策提供了重要平台。但应该说，我国多数珍贵树种定向培育研究处于起步阶段。

由于我国人工林定向培育基础理论研究较为薄弱，大多为经验＋机理模型，仍有许多问题尚待拓展和深入，特别是目前优化得出的各树种的优化栽培模式还需要在实践中进一步检验和完善，不断提高其可靠性。

新西兰用约 16% 面积的人工林生产出了 93% 的木材（其中 70% 为辐射松）。为了研究不同经营措施（主要指收获技术和整地技术）对第二代辐射松人工林生产力和养分的影响，新西兰从 1986 年开始在全国范围内按土壤类型和气候条件共建立了 6 个长期田间试验点。

（2）特色经济树种定向培育研究处于跟跑状态

木本粮油树种（三油：油茶、核桃、油橄榄；四粮：枣、板栗、柿、仁用杏）定向培育处于单项技术的优化组合；特色树种的定向培育研究，如林源药用植物红豆杉、杜仲、银杏、青钱柳、喜树、山茱萸等，木本生物质能源麻疯树、黄连木、无患子、文冠果、光皮树等，均处于零星探讨阶段。

四、重点关注的科学问题和研究策略

森林培育学科是研究森林培育的理论和技术的学科，包含了从林木种子生产、苗木培育、森林营造到森林抚育、主伐更新的整个培育过程中，按既定培育目标和客观自然规律所进行的综合培育活动。人工林定向培育所关注的科学问题应该聚焦于应用基础研究。如何运用现代森林培育学原理为指导，吸收和运用植物生理学、土壤学、生态学、生物工程和信息技术等多学科的新手段、新观点和新方法，建立结构合理、功能完善和效益更高的人工林生态系统，逐步提高人工林的生产能力和服务功能，满足社会对森林资源及其多重效益的综合需求，是我国人工林的发展趋势。

由于树种的生物学和生态学特性、气候和立地条件的差异，人工林的定向培育目标明显不同。因此，研究的对象是以树种为基础，且具区域性特征。同时，由于树种间现有的研究基础存在差异，所关注的科学问题和研究策略也不同，应从不同尺度如个体形态学水平、细胞学水平、生理生化水平、分子水平等开展研究。

（一）研究基础较好的速生用材树种

1. 目 标

根据定向目标，加强定向培育应用基础研究（图7），为机理化经营模型参数优化提供依据。

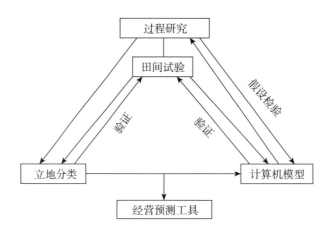

图7 经营预测工具研制、机理研究、立地分类及计算机模拟之间的关系

2. 关注的科学问题

（1）人工林生产力形成机理和关键过程研究。

（2）基因型 × 立地互作与人工林生产力和材性的关系。

（3）育林措施对生产力形成和木材品质的调控机制。

（4）人工林的生态稳定性和长期生产力维持机制。

3. 研究策略

在树种分布区内进行大协作，按典型立地统一研究方案，采用长期定位动态观测、田间控制试验、室内模拟实验和野外典型样地调查相结合的技术路线开展系统研究（图8）。

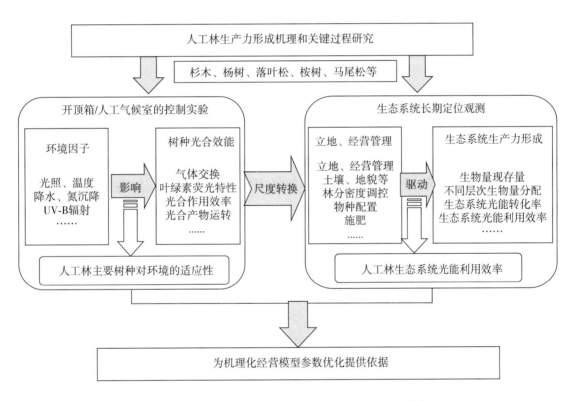

图8 人工林生产力形成机理和关键过程研究技术路线

（二）研究基础一般的珍贵用材树种

1. 目 标

根据定向目标，加强定向培育基础研究，为单项或几项技术优化提供理论依据和技术支撑。

2. 关注的科学问题

（1）珍贵树种开花结实规律及种子萌发的生理生态学机制（楠木、檀香等）。

(2) 珍贵树种无性繁殖的生理基础研究。

(3) 珍贵树种生态位及混交林种间关系研究。

(4) 经营措施对木材产量和质量的调控机制。

3. 研究策略

采用田间控制试验、室内模拟实验和野外典型样地调查（空间换时间）相结合的技术路线。

（三）特色经济树种

1. 目 标

根据定向目标（收获非木质资源），加强定向培育（果实、叶等）基础研究，为单项或几项技术优化提供理论依据。

2. 关注的科学问题

(1) 开花结实规律及种子萌发的生理生态学机制。

(2) 接穗/砧木互作与甲基化。

(3) 生物活性物质积累与基因型和环境的耦合关系。

(4) 生物活性物质合成代谢机制与调控。

(5) 经营措施对产量和生物活性物质积累的权衡机制。

3. 研究策略

采用田间控制试验、室内模拟实验和野外典型样地调查相结合的技术路线。

不当之处，敬请批评指正，谢谢！

作者简介

方升佐，男，1963年生，南京林业大学教授（二级），博士生导师。主要从事杨树、青钱柳等人工林定向培育的教学和科研工作；兼任中国林学会杨树专业委员会副主任委员、中国林学会珍贵树种分会副主任委员、中国林学会森林培育分会副主任委员。先后主持完成国家自然科学基金项目、"973"课题、国家重点研发项目、国家科技攻关项目、省部级研究项目30余项。已培养18届硕士研究生和10届博士研究生。发表学术论文300余篇，授权国家发明专利8项，制定颁布实施行业和地方标准6个。主编出版研究生教材《人工林培育：进展与方法》，作为副主编出版教材1部，出版《杨树定向培育》《中国青檀》《青钱柳种子生物学研究》等著作3部。迄今，获国家科技进步二等奖1项，教育部科技进步一等奖1项，其他省部级进步一等奖、二等奖7项。

森林害虫化学防治与多分子靶标杀虫剂创新开发及应用前景

曹传旺

（东北林业大学林学院教授）

引 言

农药是保障农林生产不可或缺的生产资料，在森林害虫综合治理体系中占有重要的地位，但因其特有的生态毒性，加之人类不合理地使用化学农药，已经产生诸多环境和社会问题。本文在综述森林害虫化学防治现状、我国森林害虫化学防治技术、化学农药未来发展方向的基础上，提出了森林害虫化学防治优先发展方向，详细阐述了多分子靶标挖掘途径以及靶向靶标分子防治技术，笔者为绿色农药创制提出一些思考，不妥之处请批评指正。

一、森林害虫化学防治现状

据国家林业和草原局统计，全国现有森林面积 2.2 亿 hm^2，森林蓄积量 175.6 亿 m^3。但我国是世界上森林病虫害较为严重的国家之一，原国家林业局第三次全国林业有害生物普查工作共确认有害生物有效种类 6 201 种，发生总面积 1 896.63 万 hm^2，

---

* 第七届中国林业学术大会 S12 森林昆虫分会场上的特邀报告。

国内常见的病虫害种类高达 200 余种，每年因森林病虫害致死树木 4 000 多万株，年均造成损失 1 100 多亿元。2000—2012 年全球化学农药使用量来看，发达国家高于发展中国家和落后国家，例如：欧洲国家农药使用量高于亚洲、拉丁美洲和中东、非洲地区，这表明需求越多，使用量越大。我国每年生产粮食 2 500 万 t，棉花 40 万 t，蔬菜 800 万 t，水果 330 万 t，利用农药减少经济损失 300 亿元。农药合成企业约 400 家，加工企业 1 000 多家，总生产能力超过 56 万 t，常年生产 180 多个品种，年产量约 26 万 t，农药生产体系居世界第二位。农药是否应该退出历史的舞台？需要思考以下几点。①农业的地位：发达国家中 5% 的农业人口养活 95% 的非农业人口，需要农药保障粮食产量；贫穷国家中 95% 的农业人口，5% 的非农业人口，同样需要大量使用农药保障粮食产量。中国占世界耕地面积不到 7% 的土地上养活占世界 22% 的人口，急需提高作物的品质、单产及安全储备，这些都需要农药。②人们的消费心理：人们常有农药残留恐惧、农药都致癌、农药都有毒等想法。③农药禁用后果：美国的玉米、小麦、大豆产量将下降 73%，畜牧产品将下降 50%。粮食缺口只能通过开垦荒地弥补，将造成野生生物环境被破坏的后果，13.2 万人丢失就业机会，以及外来入侵生物不可控制。例如，1829 年，尼亚加拉瀑布中本地种鱼湖红点鲑被入侵种鱼寄生鳗鱼寄生，导致大量死亡，用 TEM 农药控制了入侵鳗鱼，湖红点鲑恢复，才达到恢复生态平衡。

二、我国森林害虫化学防治技术

（一）烟雾防治

烟雾防治技术是指农药原药借助燃料、消焰剂、氧化剂以及加重剂燃烧反应后升华呈烟雾状。烟雾防治技术优点如下：第一，燃烧所产生的药剂粉粒非常细小，可以长时间悬浮在空中，进而使药剂扩散至传统化学防治手段不易到达的空隙地方，例如：叶片的背面、茂密的树冠以及茂密的植被；第二，烟雾防治技术的使用简单方便，不易受地形影响；第三，烟雾防治相较于传统的化学防治具有用药量小的特点，对环境危害小。在林业生产中常用施药技术，早在20世纪70年代就应用于防治松毛虫。目前，常用的杀虫烟剂有敌敌畏、马拉硫磷、辛硫磷、高渗苯氧威、阿维菌素、苦参碱、烟碱、菊酯类等。

（二）注干防治

森林害虫注干防治主要采用树木打孔注射法，将杀虫剂稀释液注入树干内部以达到防治目的。注干剂的选用需要遵循药剂具有较强触杀、胃毒作用且具有一定内吸传导作用的原则，剂型多为乳油。常用注干剂有甲维盐、噻虫磷、吡虫啉、杀螟松、高渗苯氧威等。注干剂的选择也因危害害虫的不同而有所不同，我国防治森林害虫常见注干剂见作者2018年发表在《环境昆虫学报》的《中国森林害虫化学防治研究进展》一文。

（三）昆虫生长调节剂防治

昆虫生长调节剂的作用是干扰昆虫正常的生理功能，致使昆虫不能进行正常的生长发育，进而使昆虫的个体死亡。目前，昆虫生长调节剂主要分为以下3类：几丁质合成抑制剂、蜕皮激素、保幼激素类似物。几丁质合成抑制剂直接影响昆虫体内几丁质酶的活性，当新表皮的形成受到抑制后，昆虫的蜕皮和化蛹均会受到干扰。保幼激素类似物是指具有昆虫体内产生的保幼激素活性的化合物，与几丁质合成抑制剂及蜕皮激素类活性物质相比较，对昆虫显示药剂活性的生理期更短。蜕皮激素是昆虫前胸腺分泌的调控昆虫蜕皮和变态的一种物质，它是一类具有昆虫蜕皮活性的天然甾体化合物。

（四）行为化学防治

行为化学药剂通过化学成分影响昆虫正常交配、警报、聚集、取食等行为，从而达到防治目的。目前，行为化学药剂主要分为：性信息素、聚集信息素、社会性信息素、寄主植物挥发物。行为化学药剂通常采用诱捕器的方式对森林害虫进行诱捕，常用的性信息素有天牛诱捕器、小蠹诱捕器、船型诱捕器、三角形诱捕器、美国白蛾桶型诱捕器等。信息素简约性是指相同的信息素化合物，有时通过其他化合物协同作用，可以根据生态和行为背景发挥多种功能。这种现象在社会昆虫中很普遍。信息素简约性的例子可以在报警信息素中找到，其通常也在适当的背景下用作防御性异体、引诱剂、踪迹信息素、抗微生物剂，以及作为若干其他行为动作的释放剂。在信息素研究和合成中应注意这一特性。

三、化学农药未来发展方向

杀虫药剂发展及特点为：第一代是植物源土农药；第二代是杀生、广谱、快速农药；第三代是昆虫生长调节剂；第四代是昆虫行为控制剂；第五代是昆虫心理控制剂。新颖的天然或特殊微生物产物，其对害虫脑激素起作用，而非杀死害虫，因此称为昆虫心理控制剂，目前未大量推广。杀虫药剂发展方向为：杀生、高毒、广谱朝向控制、低毒、选择性发展。绿色农药特点为：①高生物活性。控制农林业有害生物药效高，单位面积使用量小。例如氯虫苯甲酰胺，溴氰虫酰胺。②选择性高。对农业有害生物的自然天敌和非靶标生物无毒或毒性极小。③对农作物无药害。④低残留。正如Morgan提出的"3E"之说，即效力（effectiveness）、效率（efficiency）、环境（environment）。

农药研发途径及特点为：①随机合成筛选，工作量较大。②类同合成，以某一成功的农药为出发点，分析其构效关系，确定活性集团，然后设计并合成新的农药分子。虽然受到框架限制，但比较便捷。③天然活性物质模拟，可提供新颖的、传统方法难以合成的、复杂多样的化学结构，提供独特的、具有高度专一性的新作用机制，对环境安全，多数为天然活性物质，易降解，难度高。例如，烟碱仿生模拟合成吡虫啉和噻虫啉、胡椒碱合成BTG502、大蒜素仿生合成杀菌剂402等。④生物合理性设计，尚在发展阶段。按照靶标生物的生理生化特点，以其生命过程中某个特定的关键环节作为研究模型，设计并合成能影响该环节的化合物，从中筛选出先导化合物，并进一步优化结构，以期开发出具有高度选择性的新型农药。

绿色农药创制特点为：①高技术化、高智能化、高效率化。包括集成组合化学、基因组学、高通量筛选系统、生物信息学技术。②含氮杂环化合物在新农药创制中的广泛应用，具有独特的生物活性、低毒性和高内吸性，常被用作医药和农药的结构单元。含氮杂环化合物易于进行结构修饰，可方便地引入各种功能基。其中含吡啶环的氮杂环化合物数目尤其庞大。③计算机虚拟筛选技术。基于分子水平的计算机辅助药物设计（computer aided drug design, CADD）称为计算机辅助分子设计（computer aided molecular design, CAMD），包括基于小分子的药物设计方法、基于受体结构的药物设计方法、计算机组合化学方法、分子对接。

四、森林害虫化学防治优先发展方向

（一）害虫体内新分子靶标挖掘及分子辅助设计新型杀虫剂

昆虫体内专一性分子靶标的利用是创制选择性杀虫药剂的基础。昆虫的生长、发育和变态不同于其他生物，比较容易寻找特异性的杀虫剂靶标。生命科学在新理论和新技术上有迅猛的发展，一系列"组学"分析从不同微观水平解释了昆虫毒理学现象，为选择性药剂的创制提供了理论指导，促使开发环境友好型杀虫药剂大幅度发展。

（二）基于基因和蛋白水平的高通量筛选活性化合物技术

mRNA 差异显示技术和膜蛋白基因表达技术等贯穿新杀虫剂的发现、筛选和安全性评价过程，为加快新杀虫剂研发进程、降低药物研发费用和提高研发成功率发挥了重要作用。例如：探索 G 蛋白偶联受体（G-protein coupled receptors，GPCRs）应用于新型杀虫剂高通量筛选。

（三）基于害虫生物学特性，农药高效低风险体系的构建

农药发展经历了"高效、低毒、低残留"的发展历程，向"高效低风险"的方向发展。高效低风险理论将引领农药新发展，促进森林害虫化学防治技术体系的革新。

（四）大力发展生物农药新品种及推广应用新技术

生物农药是指利用生物生产制备的农药，其有效成分是生物体或生物体的提取物，直接或间接地对病虫害起作用。主要包括微生物农药（真菌、病毒和细菌）、植物源农药（苦参碱、除虫菊、印楝）、昆虫病原线虫、微生物次生代谢产物（抗生素）、信息素、天敌生物等。

五、多分子靶标杀虫剂创新开发途径及应用

理想的靶标是参与机体至关重要功能（例如：生长发育、生殖、营养、运动）

的基因产物,调节这些靶标的活性能够严重影响害虫的生命力,并最终导致害虫死亡。寻找有效分子靶标,利用"反向毒理学"思维,通过干扰基因功能,开发激动剂/拮抗剂进行新杀虫剂创制。下面介绍几类值得关注和开发的靶标。

(一)神经系统

神经毒剂是目前品种最多、开发应用最广的一类杀虫剂。该类药剂主要以神经系统为靶标,破坏正常的神经传导,引起神经系统中毒死亡。然而昆虫在进化过程中,能够通过基因突变去改变神经系统功能靶标对杀虫剂的敏感性,形成很强的抗药性。所以,深入研究昆虫神经系统的结构组成、传导机制和特点,不仅有利于杀虫剂毒理学的发展,同时也为新型高效神经毒剂的开发及害虫抗药性的治理提供理论依据。例如:在神经信号传导中,钠离子通道起着关键的作用,是拟除虫菊酯作用靶标,含有4个结构域,每个结构域有6个亚基,控制钠离子在细胞膜内外的传递。钠离子通道蛋白上存在着多个药物结合位点,例如河豚毒素。再一个是控制 Cl^- 离子传递的 γ-氨基丁酸受体(GABAR),位于细胞膜上的糖蛋白。脊椎动物体内有A、B、C 3个亚型,而昆虫体内只有一个GABA,类似于A亚型,由 α、β、γ、δ 和 ρ 等5个亚基组成,相对分子质量为 220~400 kDa,是阿维菌素作用靶标。鱼尼丁受体是一类配体门控通道,是细胞的两类主要钙离子释放调节通道之一,另一个通道是磷酸肌醇受体,主要存在于细胞质内的内质网和肌浆网,这两个组织是主要的胞内钙离子存储/释放的细胞器,其结构是形如四瓣花的同系共价的四聚体分子。

(二)呼吸生理系统

昆虫在进行能量代谢和物质循环过程中,要进行糖酵解、三羧酸循环、呼吸链系统和氧化磷酸化，在这些过程中存在杀虫剂的作用靶点。糖酵解中，杀虫剂能够抑制磷酸果糖激酶，阻断 F-6-P 转化为 F-1、6-P；抑制磷酸甘油酯激酶，阻断 1,3-二磷酸甘油酯转化为 3-磷酸甘油酯；抑制烯醇酶阻断磷酸烯醇式丙酮酸转化为丙酮酸。在三羧酸循环中，联氟螨在昆虫体内水解为氟乙酸，与乙酰 CoA 反应生成为氟乙酰 CoA，再与草酰乙酸反应生成氟柠檬酸，氟柠檬酸能够抑制乌头酸酶和顺乌头酸酶，从而阻断柠檬酸转化为异柠檬酸；杀虫剂鱼藤酮能够抑制呼吸链系统中 FP1（4Fe-S），杀粉蝶素 A 抑制 CoQ。因此，昆虫体内中间代谢和三羧酸循环中存在多个杀虫剂分子靶标，需要进一步挖掘与利用。

（三）G 蛋白偶联受体

G 蛋白偶联受体（GPCRs）是一种与 G 蛋白有信号连接的膜蛋白，它能够识别和传递来自细胞外的各种不同的信号，调控着细胞对激素、神经递质的大部分应答，以及视觉、嗅觉、味觉等。目前世界药物市场上至少有 1/3 的小分子药物是 GPCR 的激活剂或者拮抗剂。科学家们希望通过了解它们的结构和活性来帮助开发出更有效的药物，激活或关闭特异的信号而不影响其他的细胞过程。科学家们指出，了解 GPCR 的三维结构特征是理解这些因子功能，以及将其用于药物研发的分子基础。然而至今，科学家们对于 GPCRs 结构组织的特征还并不十分清楚。每个人的身体就是一个数十亿细胞相互作用的精确校准系统。每个细胞都含有微小的受体，可让细胞感知周围环境以适应新状态。罗伯特·莱夫科维茨和布莱恩·克比尔卡因为突破性地揭示 G 蛋白偶联受体这一重要受体家族的内在工作机制而获得 2012 年诺贝尔化学奖。因此，研究昆虫 GPCRs 功能，开发杀虫剂作用靶标具有广阔的前景。我们课题组一直致力于舞毒蛾 GPCRs 家族基因研究。首次发现和鉴定了舞毒蛾长寿基因（Methuselah-like）和眼白化 I 型基因（Ocular albinism type I, OA1）的功能。

Methuselah-like（Mthl）属于 G 蛋白偶联受体（GPCRs）家族成员，参与调节寿命、应激反应和生殖能力。课题组研究了 Mthl 受体及激动剂受体对舞毒蛾寿命、生殖能力和抗逆性的影响以及信号转导通路。RNA-seq 分析 LdMthl1 沉默体和 dsGFP 对照转录组文库分析发现 71 个差异基因，其中 6 个差异基因分别注释到"Phosphatidylinositol signaling system""Calcium signaling pathway""Glucagon signaling pathway"和"Ribosome biogenesisin eukaryotes"，可能受 LdMthl1 基因沉默的影响，这将是研究的重点。我们将 LdMthl1 稳定表达于 HEK293T 细胞，合成 Dm-SP 成熟肽检测细胞内钙流，结果表明瞬时加入果蝇 SP 成熟肽（序列为 KPTKFPIPSPNPRDKWCRLNLGPAWGGRC）后，HEK293-LdMthl 细胞可以被 SP 激活，并呈现出浓度依赖性 Ca^{2+} 流，而瞬时加入美国白蛾 TK 成熟肽（序列为 SQLGFFGMRG-NH_2）和 DMSO 后，则没有明显 Ca^{2+} 流信号产生。Mthl-HEK293 细胞系中 SP 抑制了 forskolin 引发 cAMP 的积累，说明 Mthl 偶联 Gai 抑制了 cAMP 的积累。研究结果进一步丰富了 Mthl 在非模式昆虫中的功能，为将来以 Mthl 受体作为分子靶标创制新型杀虫剂提供了重要理论。

我们课题组首次克隆获得 GPCR 家族中眼白化 I 型基因（*LdOA*1），通过 qRT-PCR、RNA 干扰、转基因果蝇技术进一步验证其功能，结果显示 *LdOA*1 基因参与舞毒蛾生理调控以及调控下游基因响应杀虫剂胁迫，是杀虫剂作用新靶标，可通过"反向毒理学"开发绿色农药，并为进一步开发基于细胞的高通量系统筛选新杀虫剂提供重要参考。研究发现舞毒蛾 *LdOA*1 基因能够对拟除虫菊酯类溴氰菊酯、氨基甲酸酯类甲萘威和有机磷类氧化乐果杀虫剂作出响应，推测杀虫剂作为配体与膜蛋白 LdOA1 结合，能够引起 OA1 结构的改变，影响舞毒蛾黑素小体内 G 蛋白激活，使得信息传导受阻。进一步利用 RNAi 和转基因果蝇技术发现 *LdOA*1 基因调控下游 *CYP*、*GST* 和 *Hsp* 家族基因表达。这些结果表明 *LdOA*1 调控舞毒蛾下游 CYP、GST 和 Hsp 家族主效基因表达增加对溴氰菊酯的耐受性，将成为绿色杀虫剂开发潜在靶标。

（四）重要解毒酶蛋白

对于外源化合物，昆虫能够进行代谢反应，例如：靶标基因突变、代谢酶降解、行为逃逸、表皮穿透等。其中，细胞色素 P450（cytochrome P450，简称 CYP450）为一类亚铁血红素－硫醇盐蛋白的超家族，它参与内源性物质和包括药物、环境化合物在内的外源性物质的代谢。广泛分布于生物体内，例如：植物、人类、昆虫、真菌等。研究发现在昆虫基因组中存在大量的线粒体 CYP、CYP3、CYP4 和 CYP2 亚家族基因，例如：黑腹果蝇（*Drosophila melanogaster*）中有 85 个，冈比亚按蚊（*Anopheles gambiae*）中有 106 个，埃及伊蚊（*Aedes aegypti*）中有 132 个，家蚕（*Bombyx mori*）中有 81 个，意大利蜜蜂（*Apis mellifera*）中有 46 个，赤拟谷盗（*Tribolium castaneum*）中有 143 个。我们课题组研究了舞毒蛾 CYP 家族基因及响应杀虫剂胁迫情况，鉴定发现舞毒蛾转录组中有 53 个 *CYP* 基因，其中 23 个为全长，并对这些基因响应氧化乐果、溴氰菊酯和甲萘威胁迫进行了详细研究。

（五）表皮和翅发育信号系统

昆虫是变态动物，它们的身体并没有内骨骼的支持，外裹一层由几丁质构成的外骨骼，保护外表皮，但在发育过程中无法适应性生长，昆虫需要通过多种激素调控真皮细胞分泌，并通过蜕皮更换外骨骼来完成生长发育。昆虫每次蜕皮后，都将以柔软的新生表皮代替旧表皮，但新生表皮不利于虫体的保水、防御外来入侵以及对抗机械损伤等情况，新表皮必须迅速膨胀并硬化。来自多种昆虫物种的研究表明，这种表皮硬化受一种名为鞣化激素（Bursicon）的神经肽调节。*Bursicon* 是一种异源二聚体神经激素，通过与 GPCR LGR2（leucine-rich repeat-containing G protein coupled receptor）结合发挥作用，参与昆虫蜕皮后表皮黑化和翅延展。目前，关于昆虫 Bursicon 及其受体的研究主要集中于黑腹果蝇（D. melanogaster）、赤拟谷盗（T. castaneum）、家蚕（B. mori）、烟草天蛾（Manduca sexta）、小菜蛾（Plutella xyllostella）、意大利蜜蜂（A. mellifera）、美洲大蠊（Periplaneta americana）等有限的昆虫种类，且绝大多数研究专注于 Bursicon 的生理功能及分子机制。

我们课题组已经克隆获得舞毒蛾 Bursicon 两个亚基（α 和 β）及其受体 LGR2，并证实了 Bursicon 参与翅形成的功能，但发现与已报道表皮黑化功能存在差异。舞毒蛾蛹期注射 dsRNA 1 天后，观察羽化后成虫表型变化。发现注射 dsLdBurs 的处理组成虫出现翅皱缩，而注射 dsGFP 对照组中基本正常，无皱缩表型。处理组成虫除翅型与对照组有显著差异外，并没有发现体色变浅或寿命缩短的情况。因此，舞毒蛾 LGR2 的生理功能、信号转导通路的研究将为揭示表皮鞣化机制提供新的途径，也为杀虫剂绿色创制提供了一个潜在的、有价值的分子靶标。

六、靶向分子靶标分子防治技术

基因沉默技术是现代分子生物学的重大突破性成果之一，构建表达双链 RNA 的转基因作物极有可能与转 Bt 基因作物一样成为害虫综合治理的一项重要手段。美国孟山都公司和比利时 Devgen 公司已成功地将 RNA 干扰技术应用到玉米根虫防治。孟山都公司的首席技术官詹姆斯·罗伯茨这样评价："RNA 干扰是一种非常具有前途的控制害虫的新方法，它可以让人们能够更好地防治那些以农作物为食以及影响农作物产量的害虫，这称得上是农作物病虫害防治领域的突破。"

与发达国家相比，我国在全面应用生物防治技术控制害虫方面仍有相当的差距，需要依靠科技创新加速新产品和新技术的研发，使得新型生物防治在产品筛选、繁育技术上取得突破。作者认为目前靶向分子靶标分子防治技术主要包括以下几种途径。① RNAi 技术 + 剂型加工技术：原核表达功能基因 dsRNA，然后利用剂型加工技术制备 dsRNA 各种剂型。利用新材料载 dsRNA 进行防治；利用新型囊壁材料研制微胶囊 dsRNA；利用高分子微孔材料研发缓释 dsRNA 制剂等。② RNAi 技术 + 转基因技术：RNAi 结合转基因技术，将影响昆虫生理功能的基因双链 RNA 表达到寄主植物中，昆虫取食表达 dsRNA 的转基因植物后，靶标基因将被沉默而失去功能，这样就能够起到防治效果。③激动剂/拮抗剂表达（合成）技术：寻找控制害虫生理功能受体激动剂和（或）拮抗剂，利用原核表达激动剂或拮抗剂，获得纯化蛋白，扰乱害虫生理或行为达到防治的目的，还可以通过合成技术合成激动剂或拮抗剂进行防治。

作者简介

曹传旺，男，1977 年生，东北林业大学教授，博士研究生导师。兼任中国林学会森林昆虫分会副秘书长，中国林学会青年工作委员会常务委员，中国昆虫学会林业昆虫分会委员，中国昆虫学会农业昆虫分会委员，林业生物灾害监测预警国家创新联盟副主任委员，黑龙江新型智库高端人才库专家。目前主要从事昆虫生理生化和分子毒理学科研教学工作。先后主持国家重点研发计划子课题、国家自然科学基金、黑龙江省自然科学基金等项目 18 项。已发表相关研究论文 60 余篇，其中 SCI 源期刊论文 20 余篇；主编、副主编和参编著作 5 部。先后获得黑龙江省科学技术进步二等奖 2 项、三等奖 1 项；中国林业青年科技奖 1 项；申请发表专利 7 项，已授权发明专利 5 项。

森林多功能权衡与水资源管理

王彦辉

（中国林业科学研究院森林生态环境与保护研究所研究员）

一、未来需要林水协调的多功能管理

在黄土高原等北方干旱缺水区，生态环境整体脆弱，突出表现为土壤侵蚀强烈、河流和水体泥沙淤积严重、气候干旱少雨和水资源极度缺乏，极大地限制着区域可持续发展。这就要求林业和草原管理部门尽可能多地恢复森林植被覆盖，以减少土壤侵蚀和荒漠化危害；同时还需要通过对森林植被的合理恢复与科学管理，尽可能多地提供多种服务功能。尤其在森林植被的功能供给与人类需求之间的关系复杂和很多时候相互矛盾的情况下需要科学的权衡优化，这是林业和草原行业及其管理部门认真实施生态文明建设、统筹"山水林田湖草"生命共同体综合治理、把发展方式从追求数量转到追求质量与功能的需要。

在北方旱区增加森林植被覆盖，一个突出限制就是水资源的承载力低。一方面是立地干旱限制着造林成活和树木生长，有些干旱立地上造林很难成活，即使成活后也会因土壤干化而逐渐变为低质低效的"小老头树"；另一方面是在超出水资源承载力的情况下大规模造林（包括高覆盖度、高生物量的人工草地）和高密度营林

---

* 第七届中国林业学术大会 S19 森林水文及流域治理分会场上的特邀报告。

都会导致产水量大幅降低，如黄土高原流域内的林地年径流深平均为 16 mm，比非林地的 39 mm 降低了 23 mm（59%），从而影响到当地和下游的生产与生活用水安全及社会经济可持续发展，也会在林分、小流域、流域等尺度上因过分耗水、减少生物多样性、降低森林稳定性等而降低服务功能的整体价值。这就是说，未来森林植被恢复与管理必须满足区域和流域生态保护与高质量发展的国家需求，尤其考虑到北方旱区"山水林田湖草"系统治理的特殊性，必须同时考虑干旱缺水对森林植被恢复的限制，以及森林植被恢复与管理对区域和流域供水安全的影响，必须探索在满足水资源承载力要求、尽量减少植被生态耗水的前提下，提高森林植被整体服务功能的技术途径。

针对在干旱缺水地区深入理解森林植被与水相互关系的科学问题与如何实现多功能协调管理的技术挑战，中国林业科学研究院森林生态环境与保护研究所的森林生态水文与流域管理学科组，以攻克科技难题和服务国家需求为己任，自 2000 年国家林业局开展"退耕还林"工程试点以来，在宁夏固原等地，依托国家林业和草原局宁夏六盘山森林定位站，长期开展围绕"结构""格局""过程""耦合""尺度"等关键内容的旱区生态水文研究，相继实施了国家自然科学基金重点项目、科技部"973"项目课题、林业行业公益专项、科技支撑或重点研发项目（课题）等 30 多个项目，潜心研究，勇于创新，推动了我国生态水文学相关理论及林水协调的多功能管理技术的创新。

二、林水协调的多功能管理的基本框架

（一）对森林植被多功能关系的基本认识

森林植被的本身结构及其生长的立地环境千变万化，它们的共同作用使森林植

被多种服务功能之间的相互关系格外复杂。从支撑人类社会发展的角度来说，这些服务功能总有着重要性差别，总会存在一种或多种主导功能，以及其他重要功能或一般功能。我们很难或说根本不可能做到同时使各种功能都最大化，都能满足社会发展不断提高的需求，因为多种功能之间经常存在此消彼长的权衡关系，而且还要考虑立地环境容量及森林植被本身稳定的限制。所以需在理解森林植被结构与其立地环境共同影响主要服务功能形成规律的基础上，通过科学设计和合理调控森林植被的空间格局与系统结构，实现对多种服务功能的权衡优化，以尽可能满足社会发展对森林植被的多功能需求。

基于长期研究，我们提出了推动多功能林业发展和森林多功能管理的政策建议，促进了我国林业政策的改进。如2010年领衔进行了国家林业局的政策调研并出版了《中国多功能林业发展道路探索》；将多功能经营案例写入2013年首刊的《中国森林可持续经营国家报告》；2013年参加中央财经领导小组的"我国水安全战略"调研并提出建议，得到习近平等国家领导人批示，之后国家林业局专门强调把旱区作为特殊独立板块，量"水"而行并大力发展节水林业；目前我国林业行业已接受了多功能管理的理念，也已将多功能经营作为了《全国森林经营规划（2016—2050年）》的指导思想，这必将在未来继续促进全国林业的发展方式转变和科学技术进步。

要实现森林植被的多功能管理，或者说要促进发展多功能的森林植被，就要以可持续地满足国家和人民对森林植被多种功能的需求为最高目标，在优先考虑主导功能的条件下，通过科学规划和合理经营，持续提升、维持和充分利用每块土地、每个经营单位、每个区域的森林植被的所有功能，使其对社会经济发展的整体效益达到持续最优。

(二)林水协调的多功能管理的多层次实现途径

为实现林水协调的多功能管理,必须把水资源管理嵌入到传统的用材林或水土保持防护林的森林管理中,除继续考虑土地和苗木等限制外,还要增加考虑水资源限制,即增加一个与水资源管理有关的决策层(图1)。为此,首先提出了将水资源管理纳入林业发展决策的多层次实现途径,并在此基础上研发了区域水资源植被承载力计算系统,形成了简便实用的林水协调的多功能管理技术,制定了相关技术标准,并进行了大规模推广示范应用。

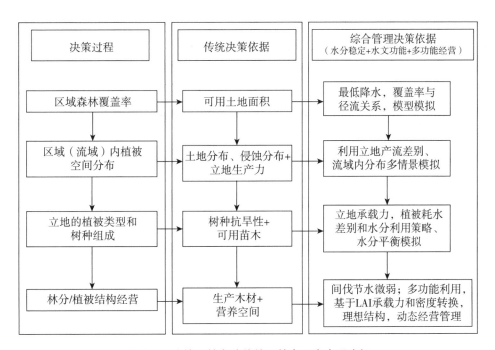

图1 林水协调的多功能管理的多层次实现途径

林水协调的多功能管理的多层次实现途径,主要体现在流域森林覆盖率、森林空间分布、植被类型和树种组成、林分结构4个决策层上(图1)。其各自的决策原则与关键技术是:①确定流域合理森林覆盖率时,增加考虑森林的降水限制和产流影响,这可借经验关系或模型模拟来实现;②确定流域内森林合理空间分布时,增加考虑立地类型的产流差别及其造林响应,可借助分布式流域模型模拟或学科组开发的区域植被承载力计算系统来实现；③确定具体立地的植被类型和树种时，增加考虑立地植被承载力与植被耗水特性的差别，可借实地研究结果和水量平衡模拟来实现；④在林分结构调控上，增加考虑水分的植被承载力限制，构建近自然多功能林，并基于现有林分与理想结构的差距，提出以多功能森林的功能/结构为导向的调控措施。

三、林水协调的多功能管理技术简介

（一）依据年降水量确定黄土高原流域的森林覆盖率

在主要植被类型之间，单位面积的耗水量一般是森林最多，所以基于水分承载力的森林管理首先体现在森林覆盖率的管理上，可分为仅考虑降水量限制下的潜在森林覆盖率（图2）、同时考虑降水量限制和产流限制的合理森林覆盖率。

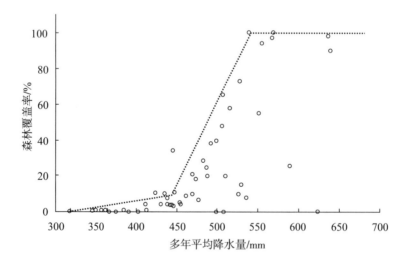

图2 黄土高原流域的（潜在）森林覆盖率随多年平均降水量的变化

进一步建立了黄土区流域年均总蒸散（ET，mm）与森林面积比（f，小数）、非森林面积比（$1-f$，小数）、年均降水量（P，mm）的统计关系：af 和 anf 分别表示林地和非林地的多年蒸散占多年降水量的比值。按照不分区、年降水量大于450 mm和年降水量小于450 mm 3种情况拟合了关系式（表1）。不分区时，在所有流域平均年降水量（463 mm）下的林地和非林地的年径流分别是16 mm和39 mm，即林地平均多耗水23 mm，林地年产流量比非林地降低了59%；年降水量小于450 mm时，林地比非林地多耗水63 mm，表现为负产流，说明森林生存需依靠降水外的其他水源（上游径流、灌溉、坡面径流、土壤水等）。

利用表1中统计关系，可反推确定给定年年径流要求下的合理森林覆盖率。如在年降水量大于450 mm时，若流域年均降水量是600 mm和想维持40 mm的年径流深，则计算得到的合理森林覆盖率为23%；在年降水量小于450 mm时，若流域年均降水量是420 mm和想维持30 mm的年径流深，则合理森林覆盖率为10%。

表1 黄土高原流域林地和非林地年均蒸散量的水量平衡公式拟合结果

年均降水量 p/mm	林地蒸散率 af/%	非林地蒸散率 anf/%	林地年蒸散量 $P \times af$/mm	非林地年蒸散量 $P \times anf$/mm	回归关系的确定系数 R^2	林地增加的年蒸散量 $P \times (af-anf)$/mm	林地年径流 $P \times (1-af)$/mm	非林地年径流 $P \times (1-anf)$/mm	林地增加的年蒸散率 $af-anf$
463 (317-639)	0.966	0.917	447 (306-617)	424 (291-586)	0.98	23 (16-31)	16 (11-22)	39 (26-53)	0.049
394 (317-448)	1.064	0.903	419 (337-477)	356 (286-405)	0.91	63 (51-72)	-25 -(20-29)	38 (31-44)	0.161
522 (455-639)	0.962	0.925	502 (438-618)	483 (421-591)	0.96	19 (17-24)	20 (17-24)	39 (34-48)	0.037

（二）基于水资源承载力确定森林的覆盖率、分布及质量

用表1中统计关系计算的合理森林覆盖率还比较粗略，因流域年径流量还受很多其他因素影响，如地形条件、土壤质地、植被结构、气候条件、其他土地利用等。如想更准确地确定可行的森林覆盖率，可使用分布式流域生态水文模型及学科组开发的植被承载力决策支持工具。

基于分布式生态水文模型SWIM，学科组开发了"区域水资源植被承载力计算系统（V1.0）"，可根据各种产流需求，优选植被恢复或管理方案，包括确定流域的森林覆盖率、造林地空间分布和林冠叶面积指数等林分质量特征，用于林业发展规划和森林多功能管理的辅助决策。

我们曾在泾河流域上游制定了 14 种森林覆盖率和 7 种林分叶面积指数变化的 98 个情景，模拟了年径流的对应变化，并用图 3 表示了年径流深（还有洪峰流量、枯水流量，未展示）对森林覆盖率、森林质量（叶面积指数）、森林空间分布变化（土石山区或黄土区）的响应。可以看出，无论在六盘山区还是黄土区，年径流深均随森林覆盖率增加和叶面积指数增大而降低，但存在区域差异和非线性响应，在叶面积指数超过 2.5 后径流减幅基本不再增大。在叶面积指数为 2.5 时，森林覆盖率每增加 10% 引起的年径流深降幅在土石山区和黄土区分别为 10.75 mm 和 4.54 mm，表明土石山区的径流响应更敏感。

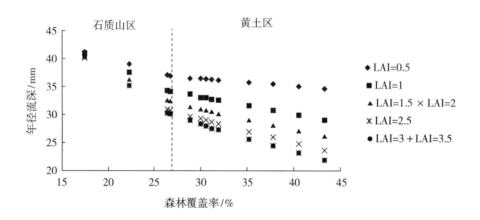

图 3 泾河干流上游年径流随森林覆盖率增加（草地变森林）和叶面积指数的变化

可按水资源管理的各种要求（年均径流、枯水径流、洪峰流量，以及不同降水丰富年度的降水、径流、需水特征），反推森林的合理覆盖率及其空间分布和质量（叶面积指数）。如想在同样流域森林覆盖率下优先降低洪峰流量，同时尽量减小造林对年均径流和枯水径流的影响，就需在黄土区多造林，这也是减轻土壤侵蚀的需要；如想在相同森林覆盖率下避免径流减少太多，就应通过降低造林密度和适时间伐来控制森林叶面积指数。要提出更具体的森林空间分布优化方案，需设计很多森林空间分布情景，代入植被承载力计算系统进行水文影响模拟，然后比较多情景结果，找出符合水资源管理需求的空间分布优化格局。

（三）山地水源林的多功能管理决策步骤

基于以往的研究，我们提出了山地水源林多功能管理的5个决策步骤：

1. 立地质量调查与分类

立地调查与分类是经营决策的基础，因为林分的结构、功能和经营措施都和立地质量紧密相关。我国不同地区都已进行过立地分类，但当初是为指导造林而编制的，这就难免和现在指导多功能森林经营的要求存在一些差异，因此必要时可调整完善原有立地分类。

2. 不同立地类型的主要服务功能及其优先性确定

多功能经营就是在存在竞争关系的多种功能之间进行合理权衡。为此，需对各立地类型的多种服务功能进行重要性排序。一般来说，控制侵蚀是最重要的服务功能，因为山区坡面易被侵蚀，且土壤稀薄、侵蚀容量很低，尤其是人为干扰较强烈和降水较少导致植被较差的低海拔阳坡瘠薄立地。尽可能提供较强的产水功能，在干旱缺水地区也是森林植被管理的重要目标。在立地质量较好时，还应在满足水土调节功能要求的前提下，尽可能地生产优质木材，以提高森林经营收入。当然，其他重要服务功能也需考虑，如保护生物多样性、森林固碳、美化景观和发展生态旅游等。不同立地的主要功能的重要性排序会有变化。

以六盘山半湿润区为例，为简化指导华北落叶松人工林的多功能经营，定量研究了华北落叶松林的立地指数（30年生优势木高）随立地因子的变化规律。当暂时忽略在森林面积上占比很小的低海拔段（<2 100 m）才明显出现的坡向影响时，可仅依据立地指数的海拔差异，将能生长华北落叶松林的立地进行多功能立地类型划分，其划分结果和华北落叶松林的多功能定位见表2。

这里仅将其划分为5个多功能立地类型（立地指数等级），且仅考虑了木材生产、林地产水、林下植物的物种多样性保护、森林固碳等几个主要功能。因地处重要水源区，应尽可能照顾产水功能；因林地的地表覆盖非常高，一般不会产生土壤侵蚀，未提及减少侵蚀功能。对其他生态功能，将在未来有足够研究积累后逐渐充实。

表2 六盘山半湿润区基于立地指数的立地划分和华北落叶松林多功能定位

立地类型	海拔/m	立地指数（30年生优势木高）/m	立地质量评述	主要服务功能的重要性排序
Ⅰ	2 300～2 400、2 400～2 500	19.5（19.3、19.7）	水热组合条件最佳，为生产优质大径材提供了可能	木材生产=林地产水>植物物种多样性保护>森林固碳
Ⅱ	2 200～2 300、2 500～2 600	18.7（18.6、18.7）	水热组合条件较好，比较适宜生产木材	林地产水=木材生产>植物物种多样性保护>森林固碳
Ⅲ	2 600～2 700	17.8	海拔升高使降水增加，但低温限制显现，水热组合条件中等，生产木材及其他功能适中	林地产水>木材生产>植物物种多样性保护>森林固碳
Ⅳ	2 000～2 100、2 100～2 200；>2 700	16.3（16.0、16.7；16.2）	气候较干，限制树木生长，只能在阴坡、半阴坡分布；在高海拔区，温度偏低，树木生长被限制	林地产水>木材生产>植物物种多样性保护>森林固碳
Ⅴ	<2 000	13.2	气候干热，不适宜树木生长和木材生产，仅阴坡、半阴坡分布	林地产水>植物物种多样性保护>森林固碳>木材生产

各立地类型的特点和其多功能排序如下：

①立地类型Ⅰ：在海拔段2 300～2 500 m范围内，降水和温度的组合条件最佳，立地指数平均达19.5 m，远高于其他海拔段，可生产优质大径材。因此，把木材生

产作为主导功能；把林地产水视为与木材生产同等重要的主导功能；其后的主要功能依次是林下植物物种多样性保护和森林固碳。

②立地类型Ⅱ：在海拔段 2 200～2 300 m 和 2 500～2 600 m 范围内，降水和温度组合条件相对较好，立地指数平均达 18.7 m，较宜生产木材。因此，将林地产水定为主导功能，其他主要功能依次是木材生产（或作为与林地产水同等重要）、林下植物物种多样性保护、森林固碳。

③立地类型Ⅲ：在海拔段 2 600～2 700 m 范围内，降水量较高，但较低温度限制树木生长，故水热组合条件中等，立地指数平均为 17.8 m，木材生产及其他功能适中。因此，把林地产水作为主导功能，其他主要功能依次为木材生产、林下植物物种多样性保护、森林固碳。

④立地类型Ⅳ：在海拔段 2 000～2 200 m 范围内，树木生长受气候干旱的明显限制，只能在阴坡、半阴坡生长；在海拔段 >2 700 m 范围内，树木生长受气温偏低的限制。因此该立地类型的木材生产能力较低，平均立地指数为 16.3 m。确定主导功能为林地产水，位列其后的其他主要功能依次为木材生产、林下植物物种多样性保护、森林固碳。

⑤立地类型Ⅴ：在海拔段低于 2 000 m 的范围内，气候更干热，不宜林木生长和木材生产，仅能在阴坡生长，立地指数仅 13.2 m，植被覆盖相对稀疏且恢复较慢，需在避免土壤侵蚀的前提下充分利用多种功能。确定主导功能为林地产水，位列其后的其他主要功能依次为林下植物物种多样性保护、森林固碳、木材生产。

3. 现有林分结构特征调查

为指导森林多功能经营决策，须定量调查现有森林结构指标，包括树种组成、林龄、林分起源、林木密度、树高和胸径、林木枝下高、树木优势度、枯落物层厚度和组成等，还有林冠郁闭度、林下天然更新、地表覆盖度，以及林木健康情况和受害程度与原因等。如有可能，还应调查土壤剖面及理化性质。

4. 现有林分结构与功能诊断

林分的结构与功能诊断须立足于立地质量。对不适合造林或森林生长得太差的立地，不必非要通过造林把现有非林植被转换为森林，也不必非要维持由于造林不当而形成的稳定性日益下降的不健康森林；对控制土壤侵蚀和尽量多产水的功能目标而言，将耗水较少的灌木和草本的地面覆盖度维持在一个较高水平反而有益。对适宜森林生长的较肥沃和肥沃立地，在没特殊要求的情况下，一般应充分利用林地的生产力来生产优质大径材，但前提是要控制土壤侵蚀、追求较高产水量，并充分考虑发挥其他服务功能。对肥沃立地的森林，在制订经营决策前，先要评价确定其发育阶段。如是幼林（疏林），还未形成笔直、无节疤和足够长（如 6～8 m）的优良树干，这时不必着急开展任何间伐或疏伐，而应维持较高的林冠郁闭度，充分利用自然整枝机制，直到形成具有足够枝下高的良好树干的目标树。如目标树的树干质量和枝下高长度达到了要求，则可将调查林分的结构指标与理想水源林结构指标（见后面一节）进行比较，以发现林分结构的不足和确定针对性的经营措施。

5. 面向结构／功能的经营计划编制

森林功能和林分结构紧密相关，须采取面向林分结构／功能的经营措施，主要包括 5 个方面：

（1）封山育林：经常对劣质立地的森林进行封育，即不采取任何经营措施，避免干扰破坏植被覆盖，以维持合适的地表覆盖度、预防土壤侵蚀、多产水。此措施也常用于幼林（树高低于 4～6 m）或疏林（目标树优质树干形成前的林冠郁闭度低于 0.6），以促进／维持林冠郁闭。

（2）择伐：为促进目标树生长和提高林木抵抗冰雪／风暴灾害的能力，常对林冠郁闭度大于 0.8 的林分进行择伐，具体做法是伐除目标树附近的 1～3 株竞争木。择伐强度须控制在择伐后郁闭度保持在0.6，以在促进林下天然更新和幼树生长、控制大量杂草侵入林地、培育目标树的高质量木材、保护生物多样性、增加和维持森林碳汇、提高林地产水能力等竞争性要求之间达到平衡。在过密林分里，往往须短期内择伐很多树木，这就须在一定时期（如10年）内分2~3次实施择伐，而不是1次高强度择伐。择伐和木材运输应在冬季的冰冻地面上进行，以减少对林地、枯落物层、幼树和目标树的伤害。

（3）促进林下天然更新：应鼓励目标树种和珍稀树种的天然更新，具体是伐除竞争木或劣质木后形成一些林窗。然而，仍须利用一定的林冠遮阴来进行自然整枝，尤其是阔叶树。如某些树种缺乏母树，也可林下补植混交树种，以提高混交程度。

（4）应用林水关系研究结果：在确定择伐强度等经营决策中，注意参考应用有关森林结构与林地产水量的关系、水分的植被承载力等研究成果。

（5）经营活动计划：作为山地水源区的水源林，不允许有任何皆伐，但可利用近自然林业经营技术，以降低对树木、地表植被、枯落物层和土壤的干扰。在明确了需采取的经营措施后，可逐项确定其实施时间、强度和频度，编制一个详细可行的森林经营方案。

（四）多功能水源林的理想结构

森林的多功能经营须以理想林分结构为目标。基于以往研究，提出了详细程度不同的理想水源林结构。

1. 一般理想结构

为兼顾森林的稳定性、多种服务和产水功能，一般要求：林分郁闭度保持在0.7左右（0.6~0.8，以维持天然更新、控制杂草、维持生物多样性、减少林木生态耗水），地表覆盖度在 0.7 以上（以控制土壤侵蚀），林木高径比（m·cm^{-1}）在 0.7 以下（以避免冰雪和风暴等天气导致树木倒伏和折断）。在任何森林演替阶段，所有经营措施都要以加快形成和良好维持此理想结构为目标。地表覆盖度在 0.7 以上，这须在所有森林生长阶段和森林经营中都得到维持，尤其在土壤侵蚀危险大的坡地和造林、幼林阶段，须仔细保护好各种地表植被和枯落物覆盖。

适度的林冠郁闭度有利于耐阴和较耐阴树种的更新并能控制喜光草本入侵，林下幼苗和幼树的高生长随林冠郁闭度增大而降低，并在高于 0.7 时变得很低，林冠层、灌木层和草本层的总叶面积指数最大值出现在郁闭度为 0.6~0.8 时。六盘山的华北落叶松林雪灾在林木高径比（H/D，m·cm^{-1}）大于 0.7 后开始出现，在 0.7~0.9 范围内随高径比增加而逐渐增大，在 0.9~1.0 范围内增加较快，在大于 1.0 后急剧增大，因此要求林木高径比低于 0.7，至少不能超过 0.9。

此外，林分结构调整还须遵从常规的多树种、多世代、多层次的稳定高效森林结构要求，充分考虑水分的植被承载力、森林多功能利用、流域产水功能等刚性需求，以及在以培育木材为主导或主要功能时对培育目标树的经营要求，即采取 $3×0.7+X$ 的模式。

2. 华北落叶松中龄林的合理密度

过分追求覆盖率和蓄积量的传统林业思维，导致了森林结构单一和功能低下，尤其很多过密人工林，其生物多样性低、产水功能弱、优质大径材少，不能满足多功能需求，须合理设计和调控。基于对宁夏六盘山区华北落叶松人工纯林（17~35 年生，平均 27 年生）的林分密度与多种功能关系的研究，得到了单一功能的密度要求，并综合分析后确定了多功能密度（图 4）。

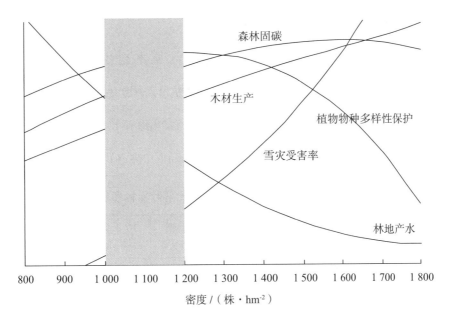

图 4　六盘山水源区华北落叶松人工林密度与多种功能的关系与合理密度范围

综合考虑多种功能需求，建议将此林龄的林分密度控制为 1 000 ~ 1 200 株·hm^{-2}。

3. 不同海拔和林龄的华北落叶松林多功能合理密度

在深入理解和定量描述华北落叶松人工林的林分结构特征随海拔、密度和林龄的时空变化及其对林地产水、木材生产、森林固碳、植物物种多样性保护等主要功能影响的基础上，提出了兼顾林地产水及其他功能的多功能管理决策程序：①明确限定条件，即首先确定满足林分稳定要求的郁闭度 0.6 ~ 0.8 对应的基本林木密度区间。②根据对森林服务功能的需求，确定主导功能和其他主要功能的重要性排序。③确定各单一服务功能达到 90% 以上时的最优密度区间，或因难以满足退而求其次达到 80% ~ 90% 时的适宜密度区间。④确定各单一功能的最优密度区间（如不行时取适宜密度区间）与基本密度区间的交集，作为多功能管理密度区间；如不存在交集，须适当牺牲无法兼顾的非主导功能，或将各单一功能的最优密度依功能重要性进行加权平均；然后，依据高龄林密度范围不能大于低龄林密度范围、每次间伐株数强度不大于 30% 且至少隔 2 ~ 3 年才能间伐 1 次的原则，可适当调节计算得到的多功能管理密度区间，使其合理可行。

利用上述权衡决策程序，以六盘山半湿润区属木材生产非适宜区的低海拔（1 800 m）干旱立地、木材生产适宜区的中低海拔（2 100 m）较湿润立地和高海拔（2 700 m）湿冷立地、木材生产最优区的中海拔（2 400 m）水热俱佳立地为例，确定了不同林龄时的多功能管理最优（适宜）密度区间（表3）。

表3 六盘山半湿润区不同海拔和林龄的华北落叶松林多功能管理密度

海拔/m	特征	多功能排序	20年林龄/(株·hm⁻²)	30年林龄/(株·hm⁻²)	40年林龄/(株·hm⁻²)	50年林龄/(株·hm⁻²)
1 800	气候干旱，不宜木材生产	林地产水＞植物物种多样性保护＞森林固碳＝木材生产	1 300～2 600	1 050～1 700	900～1 300	630～800
2 100	降水较多，较湿润，较宜生产木材	林地产水＞木材生产＞植物物种多样性保护＞森林固碳	1 300～1 700	900～1 400	850～1 100	680～800
2 400	水热组合最佳，适宜产优质大径材	木材生产＝林地产水＞植物物种多样性保护＞森林固碳	1 300～1 600	900～1 300	640～800	470～600
2 700	各功能中等，产流高，湿冷，较宜生产木材	林地产水＞木材生产＞植物物种多样性保护＞森林固碳	1 500～2 200	1 250～1 700	850～1 000	580～700

利用各功能与海拔和林龄及密度等影响因素的数量关系，计算了林龄30年时在多功能合理密度经营下的各服务功能，并与传统高密度经营林分相比，评价了主导功能和主要功能的变化（表4），表明密度降低39%～68%，产水功能提高了6%～17%；林下植物种数在低海拔轻微减少（6%），但在中高海拔轻微增加（3%～6%）；林分蓄积年增长量在生长最适海拔（2 400 m）有些减少（4%），但在偏低和偏高海拔明显增加（45%～47%）；单株材积年增长量在生长最适海拔显著增加37%，在其他海拔大幅增加238%～307%；森林固碳功能在生长最适海拔减少14%，但在其他海拔增加3%～14%。由此可见，多功能密度经营的确能明显地提质增效。

表 4　华北落叶松林多功能管理密度与传统高密度经营的多功能效果对比

海拔 /m	30 年生的森林类型与优化效果	密度 /(株·hm^{-2})	产水 /mm	林下植被物种数	林分蓄积量 /(m^3·hm^{-2}·a^{-1})	单株材积 /(m^3·a^{-1})	森林固碳 /(t·hm^{-2}·a^{-1})
1 800	过密林	3 600	254	32	2.90	0.000 8	4.34
	多功能林	1 375	270	30	4.26	0.002 9	4.47
	优化效果	−62%	6%	−6%	47%	248%	3%
2 100	过密林	3 600	176	34	6.94	0.002 7	8.40
	多功能林	1 150	204	34	10.09	0.011 0	9.04
	优化效果	−68%	16%	0%	45%	307%	8%
2 400	过密林	1 800	151	31	15.0	0.013 8	14.54
	多功能林	1 100	165	32	14.4	0.018 9	12.47
	优化效果	−39%	9%	3%	−4%	37%	−14%
2 800	过密林	3 600	143	31	8.75	0.003 9	9.74
	多功能林	1 475	168	33	12.78	0.013 2	11.14
	优化效果	−59%	17%	6%	46%	238%	14%

四、结论与讨论

为通过林水协调的多功能管理来解决广大干旱地区因片面追求森林覆盖率及木材生产而导致的林木生长差或过密、林分不稳定、产流减少、服务功能低下等问题，经过近 20 年连续攻关，我们多尺度评价了森林与水的相互作用，完善了对林水相互关系的认识，证实了森林植被结构以及其他因素空间格局的水文影响，定量分析和描述了华北落叶松林等的木材生产、森林固碳、植物物种多样性保护、林地产水及雪灾率的密度响应，指明森林的系统结构和空间格局是多功能管理的关键，这奠定了相关的理论基础。此外，提出了在流域森林覆盖率、森林空间分布、林分结构等决策层融入水资源管理的多功能管理技术，包括开发了区域水资源植被承载力计算系统，确定了多功能森林的理想结构，提出了多功能管理的决策步骤，等等。创新提出了先进实用的林水协调的多功能管理技术，既可节约造林营林成本，又可提高不同立地森林的多种服务功能，尤其对区域发展格外重要的产水主导功能。这些成果在国内外已产生了较大的学术影响，引领了国内森林生态水文学科的发展，推动了我国林业发展方式转变和森林经营政策与技术进步，应用前景广阔。

然而，现有成果还有不少局限性，仍须针对各地实际情况与问题，开展更多基础理论与实用技术研究，以提供更先进的林水协调的多功能管理技术与决策支持工具，并进行更多技术培训和应用示范，从而不断提高我国林业的科学技术水平，为我国北方广大旱区的生态文明建设、"山水林田湖草"生命共同体治理、黄河流域生态保护和高质量发展国家重大战略的实施，作出应有贡献。

作者简介

王彦辉，男，1957年生，博士，研究员，博士生导师，主要从事森林生态水文与森林多功能管理研究，尤其在西北地区。发表论文288篇，出版著作20部；获省部级科技奖励一等奖1次、二等奖4次；获"三北防护林体系建设突出贡献者""全国野外科技工作先进个人""全国生态建设突出贡献先进个人"等荣誉称号。担任中国林学会森林水文与流域治理分会副理事长、国际林联第一学部"供水与水质"学科组协调人、中国自然资源学会理事，以及《林业科学》副主编和 Journal of Forestry Research、《生态学报》等5个期刊的编委。

黄河流域湿地概况及其保护管理对策

崔丽娟

（中国林业科学研究院副院长、研究员）

一、黄河流域湿地概况

黄河流域总湿地面积不大，湿地覆盖率低于全国平均水平，但湿地质量很好，以自然湿地为主。黄河流域湿地分为黄河上游源头区及峡谷区湿地、黄河上游河套平原地区湿地、黄河中游湿地和黄河下游及河口三角洲地区湿地。

黄河源区位于玛多县多石峡以上地区，是湿地集中分布区。河源区盆地自西向东由3个小盆地串联，呈带状，湿地分布在带状盆地内。黄河由星宿海向东，到达扎陵湖和鄂陵湖，之后向东偏南流经阿尼玛卿山与巴颜喀拉山之间，抵达岷山后再折向西北，使其往返于若尔盖地区，形成黄河第一曲和世界上面积最大的高寒泥炭沼泽——若尔盖湿地。若尔盖湿地是我国生物多样性关键地区之一。

黄河流出中国大地貌第一阶梯之后，进入包括内蒙古高原和黄土高原的第二阶梯，在这一范围内有3个湿地集中地区，分别为宁夏平原、后套平原和前套平原。宁夏平原属于河套冲积平原，湿地类型以河流湿地和湖泊湿地为主，对流域起滞蓄洪水和调蓄水资源的作用。

---

* 第七届中国林业学术大会 S26 湿地分会场上的特邀报告。

河套平原地处阴山山脉与鄂尔多斯高原之间,黄河自西向东从其中间穿过。河套平原湿地地处内陆,地貌以冲积、洪积为主,水源主要是每年5—10月人工引黄河水。由于该地区日照充足,降水量稀少,蒸发量大,地下水位高,因此存在湿地土壤盐渍化等问题;同时,灌溉也使水体富营养化和农药污染等问题日益凸显。

乌梁素海位于内蒙古自治区西部巴彦淖尔市乌拉特前旗境内,历史上是由黄河改道形成的河迹湖,目前湖面面积 293 km²,是中国八大淡水湖之一。乌梁素海湿地具有重要的水文调节功能——枯水期确保黄河不断流,凌汛期又能充当滞洪库;同时还起到改善黄河水质、控制河套地区盐碱化等关键作用,减轻了农业排水对黄河水质的直接影响。

黄河中下游湿地主要包括毛乌素沙地湿地区、小北干流湿地、三门峡库区湿地、下游河道湿地和黄河三角洲湿地。毛乌素沙漠湿地位于陕西省最北部,分布着大小 800 多个海子,以及大面积的绿洲、湿地、草原、牧场、农田、鱼塘。三门峡黄河库区湿地自然保护区位于河南、陕西、山西三省交界处,黄河横亘在山地丘陵上,海拔 350～900 m。三门峡库区湿地属于国家级湿地

自然保护区,是国家级珍禽白天鹅、鹤类等动物的栖息地。黄河河道与河漫滩湿地主要有河南黄河湿地、豫北黄河故道 2 个国家级自然保护区,河南开封柳园口 1 个省级湿地自然保护区。东平湖湿地是黄河下游唯一一个大型湖泊湿地,是黄河、淮河两大流域的分界线,也是两大流域的交叉点,一湖分属两个大流域。

黄河口湿地主要分布在以宁海为顶点的三角洲之上。黄河口三角洲是我国暖温带最年轻、保存最完整、总面积最大的湿地分布区。2000 年前,由于黄河携带泥沙的淤积,黄河三角洲湿地平均每年以 2 000～3 000 hm² 的速率形成新的滨海陆地,之后,受黄河来水水沙限制,淤积速率逐年减弱,有些近海滩区已消失。

二、黄河流域湿地的保护管理

黄河流域湿地的主要保护形式有国家公园、自然保护区、湿地公园、水源地保护地等。源头区和峡谷区的自然条件、自然生态系统质量非常好,也很重要,在这里建立了许多国家级自然保护区。国际自然湿地主要分布在黄河上游和峡谷区,省级自然保护区恰恰相反,主要分布在中游以下,包括上游河套人相对多的地方。

在三江源国家公园范围内,有扎陵湖、鄂陵湖 2 处国际重要湿地,均位于自然保护区的核心区;有列入国家《湿地保护行动计划》的国家重要湿地 7 处;有扎陵湖—鄂陵湖和楚玛尔河 2 处国家级水产种质资源保护区;有黄河源水利风景区 1 处。青海可可西里世界自然遗产地被完整划入了三江源国家公园长江源园区,位于可可西里国家级自然保护区和三江源国家级自然保护区的索加—曲麻河保护分区内。

在《全国湿地保护工程规划(2002—2030 年)》中,专门设立了青藏高原湿地区和黄河中下游湿地区,提出了流域湿地保护和恢复的工作方向:在青藏高寒湿地区,保护湿地生态功能,开展社区湿地保护共管建设,加强保护区建设及植被恢复,发挥该地区湿地的重要蓄水功能,重点保护好三江源区的湿地;在黄河中下游,加强黄河干流水资源的调配管理,人工促进恢复退化的湿地、中游地区湿地生物多样性保护。多年来,通过划建自然保护区、湿地公园、自然保护小区等方式,保护了一批重要湿地。

在《全国湿地保护"十三五"实施规划》中,对黄河河套平原范围内的国家级湿地自然保护区内、国家重要湿地内、省级自然保护区和国家湿地公园及其周边范围内的第二轮土地承包期内非基本农田的耕地实施退耕还湿政策;在山东黄河三角洲、河南黄河湿地、山西运城湿地等地开展重大湿地恢复工程。

三、黄河流域湿地存在的问题

（一）源头区湿地的退化萎缩极为突出

由于全球气候变化，冻土呈区域性退化趋势，再加上人类经济活动对湿地资源等不合理利用，如挖沟排水、过度放牧、泥炭开采、冬虫夏草的挖掘，以及由此引起的鼠害等，使得源头区湿地生态系统持续退化，并且存在沙化问题。鄂陵湖、扎陵湖自20世纪50年代到1998年水位下降3.08～3.48 m，玛多县4 077个大小湖泊有一半干涸，若尔盖高寒湿地近2/3沼泽湿地退化、沙化。无节制的旅游活动带来的人为干扰，成为未来对湿地破坏最大的人类活动。

（二）生物多样性水平降低

黄河流域拥有多个生物多样性热点地区，这些热点地区的生物多样性变化明显。在鄂陵湖、扎陵湖湿地区，湖泊中的花斑裸鲤、极边扁咽齿鱼和骨唇黄河鱼等鱼类的种群在二十世纪六七十年代大规模拉网式捕捞中遭到严重破坏，尚未完全恢复，处于极度濒危状态。在若尔盖湿地区，禾本科杂草、菊科等旱生物种正在取代莎草科等湿生物种，生境的变化给珍稀濒危鸟类带来了很大影响。在黄河三角洲湿地区，石油开采、围垦等人类活动破坏了自然植被，植物群落结构趋于单一；水质污染和过度捕捞，使黄河三角洲的水生生物多样性明显降低；黄河来水水沙条件变化，使黄河三角洲滩涂的水鸟适宜生境发生变化。

（三）水资源不足

黄河流域年均降水量较少，且季节分配不均。河套平原处于干旱半干旱区域，水源补给基本以上游来水为主，一旦上游取水过多或来水过少就会造成河流断流。

近年来，随着经济社会的快速发展，黄河流域的用水需求已超出黄河水资源的承载能力。1972 年，黄河下游河流湿地首次出现断流；20 世纪 90 年代以来断流已经蔓延至黄河源区；从 1999 年开始，在对黄河水资源实施统一管理调度后，黄河实现连续近 20 年不断流。经计算，考虑各种水源的供水量，预计到 2030 年黄河流域湿地总缺水量 35.2 亿 m^3，其中河道内湿地缺水 8.6 亿 m^3。

（四）水环境污染

据 2017 年《黄河水资源公报》显示，黄河流域废污水排放量为 43.37 亿 t。其中，城镇居民生活废污水排放量 16.78 亿 t，第二产业废污水排放量 21.94 亿 t，第三产业废污水排放量 4.65 亿 t。黄河支流水污染比干流严重。2016 年，对黄河 290 个水功能区进行达标评价，仅 149 个达标，达标率为 51.4%，其中渔业用水区达标率为 71.4%，景观娱乐用水区达标率仅为 36.4%。

（五）黄河三角洲自然岸线受到侵蚀，湿地土壤盐渍化

黄河三角洲的原生植被多为耐盐的草本植物，有利于增加土壤有机质和抑制水分蒸发。原始植被遭到破坏后，土壤表层蒸发增加，盐分上升到地表，导致土壤次生盐渍化加重。

（六）尽管我国在湿地保护管理方面作了许多努力，但仍存在漏洞，保护投入与需求差距较大

在国家层面，湿地立法缺失、地方湿地保护制度不健全、科技支撑薄弱。除了源头区和河口区域外，黄河湿地保护率不高，且缺少全流域湿地保护管理的专项规划，部分地方政府未将黄河湿地保护纳入地方国民经济与社会发展规划中。在一些

地方财政预算中,也没有安排专门的湿地保护资金,造成湿地保护恢复项目难以落实,黄河流域湿地保护资金显著落后于东部地区。

四、黄河流域湿地保护管理对策

(一)对黄河流域重要湿地进行分区分级分类保护管理

在源头区湿地,实行抢救性保护,全面保护各类型湿地,尽快恢复退化湿地,严格控制旅游强度;在上游峡谷区湿地,全面禁止新增水力发电等水利工程,拆除违法小水电;在河套地区湿地,统筹水资源分配,考虑湿地生态需水,降低农业面源污染;在中下游湿地区,恢复河漫滩湿地系统,降低工农业生产的面源和点源污染;在河口三角洲湿地,控制岸线侵蚀,控制油田开采,保护水鸟栖息地,控制旅游开发强度。

(二)全面落实国务院办公厅《湿地保护修复制度方案》

将黄河全流域湿地全部纳入生态保护红线范围;严格执行湿地"占补平衡"制度,先补后占;将黄河流域湿地面积、湿地保护率、湿地生态状况等保护成效指标纳入地方各级政府生态文明建设目标评价考核等制度体系。

(三)完善现有法律法规,加强湿地保护执法力度

积极推动山西省湿地保护立法工作;已经立法的省(自治区、直辖市),应严厉查处违法利用湿地的行为,采取多种措施保证湿地面积不减少,湿地质量不下降;加强黄河流域内各省(自治区、直辖市)湿地的协同保护,建立省级湿地保护联合执法机制,合作执法。

（四）加强黄河全流域湿地保护顶层制度设计

一方面，制订基于不同保护目标的流域湿地水资源分配方案，确保湿地生态功能，保证黄河河流廊道的连通性、水流的持续性；综合考虑流域内河道外湿地生态用水的保障。另一方面，加强黄河全流域生态补偿顶层设计，建立黄河流域湿地分区生态补偿框架，实施全流域生态补偿制度；按照生态状况和区域特点，提出湿地生态补偿标准、补偿方式和途径；建立黄河湿地生态补偿基金。

（五）制订黄河流域湿地保护管理规划，提高黄河流域湿地保护管理水平

贯彻"全面保护"思想，编制黄河流域湿地保护规划，逐步建立起布局合理的湿地保护管理体系，填补湿地保护空缺，协调保护和利用之间的关系；加强上游和下游跨地区政府间的合作；建立水利、生态环境、自然资源、农业农村、文化和旅游等跨部门的工作协作机制；加强湿地保护和恢复技术的科技支撑，提高公众湿地保护意识。

作者简介

崔丽娟，女，1968年生，博士生导师，研究员，中国林业科学研究院副院长。兼任国家林业和草原局湿地研究中心主任，中国科普作家协会副理事长，北京湿地中心主任，湿地生态功能与恢复北京市重点实验室主任。

长期致力于湿地生态过程与机理、湿地保护与恢复技术、湿地生态系统服务评价与湿地管理政策等方面的工作。先后获得国家科技进步二等奖、中国林业青年科技奖、中国林业科学研究院重大科技成果奖等。获得"全国生态建设突出贡献先进个人"称号，入选中组部首批"万人计划"科技创新领军人才、人社部"百千万人才工程"国家级人选、科技部"中青年科技创新领军人才""科技北京领军人才培养工程"。曾3次出任国际《湿地公约》科技委员会委员、工作组组长和特邀专家。

国家公园规划实践和思考

孙鸿雁

（国家林业和草原局昆明勘察设计院高级工程师）

引 言

党的十八届三中全会提出"建立国家公园体制"以来，我国先后在12个省（自治区、直辖市）开展了10处国家公园体制试点工作，总面积约22万km^2，占中国陆域面积的2.3%。国家公园是兼具保护、科研、教育、游憩、社区发展功能的一类自然保护地。如何实现其多功能目标，需要通过总体规划来进行合理的分区划分和空间布局。国家公园总体规划是国家公园建设与管理的纲领性文件，在国家公园的保护与发展中起着至关重要的作用。本文就国家公园总体规划中需要关注的几个关键问题提供了一些笔者的思考，请批评指正。

一、我国国家公园的建设与发展

（一）理念引入和地方探索阶段（1996—2012年）

我国自1956年建立第一个鼎湖山国家级自然保护区开始，逐步建立了自然保护区、风景名胜区、自然文化遗产、森林公园、地质公园等多种类型保护地1.18万个，

---

* 第七届中国林业学术大会S27自然保护地分会场上的特邀报告。

这些保护地在维护国家生态安全、保护生物多样性、保存自然遗产和改善生态环境质量等方面发挥了重要作用。但长期以来存在着顶层设计不完善、管理体制不顺畅、产权责任不清晰等问题。1996年，云南省率先着手开展国家公园研究。2007年，云南省建立了中国大陆第一个国家公园——普达措国家公园。2008年，国家林业局批准云南省依托有条件的自然保护区开展国家公园试点工作。截至2012年，云南省省级层面开展的国家公园试点工作取得了一系列的成果，主要包括：①制定了一系列政策法规和标准体系；②建立了一批能代表国家形象的国家公园实体；③形成了一套科学有效的国家公园申报审批和管理体制；④培养了一支通晓国家公园理论和实践的专家队伍和管理骨干。

（二）系统研究和启动试点阶段（2013—2016年）

2013年11月，党的十八届三中全会首次提出"建立国家公园体制"。自此，"国家公园"成为一个热门词汇，但对国家公园的认识和定位存在站在部门利益角度各自解读的问题。2015年5月，国家发展和改革委员会同中央机构编制委员会办公室、财政部、国土资源部、环境保护部、住房和城乡建设部、水利部、农业部、国家林业局、国家旅游局、国家文物局、国家海洋局、法制办等13个部门联合印发了《建立国家公园体制试点方案》，确定了北京、吉林等9个国家公园体制试点省（市）。建立国家公园体制是党的十八届三中全会提出的重点改革任务之一，是我国生态文明制度建设的重要内容。2015年9月，中共中央、国务院印发的《生态文明体制改革总体方案》对建立国家公园体制提出了具体要求，强调"加强对重要生态系统的保护和利用，改革各部门分头设置自然保护区、风景名胜区、文化自然遗产、森林公园、地质公园等的体制"，"保护自然生态系统和自然文化遗产原真性、完整性"，进一步统一了思想和认识，试点工作取得一定成效。

（三）顶层设计和全面推进阶段（2017年至今）

2017年9月，中共中央办公厅、国务院办公厅印发了《建立国家公园体制总体方案》，总体方案的出台标志着我国国家公园体制的顶层设计初步完成，国家公园建设进入实质性阶段。这是我国自然保护事业的一个新的里程碑，也是中国国家公园发展的极大机遇。2017年10月，党的十九大报告中明确提出"建立以国家公园为主体的自然保护地体系"。2018年3月，十三届全国人大一次会议决定组建国家林业和草原局并加挂国家公园管理局牌子，对国家公园、自然保护区、风景名胜区、海洋特别保护区、地质公园等各类自然保护地实行统一管理。国家公园管理局的成立使得我国各类保护地的管理实现了从由分散到统一、从各自为政到协调高效、从交叉重叠到空间规划、从九龙治水破碎化到"山水林田湖草"生命共同体的转变。2019年6月，中共中央办公厅、国务院办公厅印发了《关于建立以国家公园为主体的自然保护地体系的指导意见》，指导意见明确了自然保护地的分类体系和功能定位，明确了建成中国特色的以国家公园为主体的自然保护地体系的总体目标等，是建立以国家公园为主体的自然保护地体系的根本遵循和指引，标志着我国自然保护地进入全面深化改革的新阶段。

截至目前，国家林业和草原局（国家公园管理局）围绕"管什么""在哪管""谁来管""怎么管"等问题开展了诸多卓有成效的工作，国家公园体制试点工作取得了实质性进展。

二、国家公园规划体系

规划作为一种技术手段，是一种通过系统收集、分析、组织和处理技术信息以方便决策的活动，是对各类空间资源进行前瞻性、科学性的统筹、协调和组织布局，也是基于现状特征和实现发展目标的系统工程，在国家公园的保护与发展中起着至关重要的作用。

分别从国家层面和实体国家公园层面，提出应逐步形成从全国国家公园发展规划到实体国家公园总体规划、专项规划、详细规划以及年度计划等有机和完整的规划体系，详见图1。

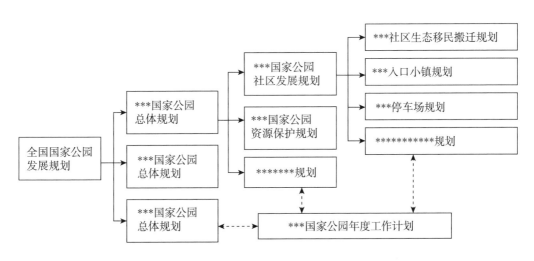

图1 国家公园规划体系

三、国家公园规划理念

《关于建立以国家公园为主体的自然保护地体系的指导意见》第二章第七条中明确提出"编制自然保护地规划。落实国家发展规划提出的国土空间开发保护要求，依据国土空间规划，编制自然保护地规划，明确自然保护地发展目标、规模和划定区域，将生态功能重要、生态系统脆弱、自然生态保护空缺的区域规划为重要的自然生态空间，纳入自然保护地体系。"

国家公园总体规划是国家公园建设与管理的纲领性文件，应在对国家公园内资源、环境、社会经济、管理经营等调查、评价与综合分析的基础上，确定国家公园的发展思路、方向和目标，根据主体功能要求与建设原则，对国家公园资源的科学保护与合理利用在空间和时间上做出总体安排与布局。

正确的规划理念决定着规划的方向和内容。在国家公园总体规划中应始终坚持以习近平新时代中国特色社会主义思想为指引，以建设美丽中国为目标，将人与自然和谐共生、绿水青山就是金山银山、推动形成绿色发展方式和生活方式、统筹"山水林田湖草"系统治理以及实行最严格的生态环境保护制度等习近平新时代中国特色社会主义生态文明建设理念贯穿其中。

（一）坚持人与自然和谐共生的理念

人与自然是人类社会最基本的关系。人类在同自然的互动中生产、生活、发展。中华文明强调要把天地人统一起来，按照大自然规律活动，取之有时，用之有度。习近平总书记指出："自然是生命之母，人与自然是生命共同体，人类必须敬畏自然、尊重自然、顺应自然、保护自然。"保护自然就是保护人类，建设生态文明就是造福人类。

（二）坚持绿水青山就是金山银山的理念

绿水青山就是金山银山阐述了经济发展和生态环境保护的关系，指明了实现发展和保护协同共生的新路径。生态环境保护和经济发展不是矛盾对立的关系，而是辩证统一的关系。生态环境保护的成败归根到底取决于经济结构和经济发展方式。经济发展不应是对资源和生态环境的竭泽而渔，生态环境保护也不应是舍弃经济发展的缘木求鱼，而是要坚持在发展中保护、在保护中发展。

（三）坚持推动形成绿色发展方式和生活方式的理念

生态环境问题归根结底是发展方式和生活方式问题。要从根本上解决生态环境问题，必须贯彻绿色发展理念，坚决摒弃损害甚至破坏生态环境的增长模式，加快形成节约资源和保护环境的空间格局、产业结构、生产方式、生活方式，把经济活动、人类的行为限制在自然资源和生态环境能够承受的限度内，给自然生态留下休养生息的时间和空间。

（四）坚持"山水林田湖草"系统治理的理念

"山水林田湖草"是一个生命共同体。人的命脉在田，田的命脉在水，水的命脉在山，山的命脉在土，土的命脉在林和草，这个生命共同体是人类生存发展的物质基础。生态是统一的自然系统，是相互依存、紧密联系的有机链条。要用系统论的思想方法看问题，从系统工程和全局角度寻求新的治理之道。

（五）坚持实行最严格的生态环境保护制度的理念

保护生态环境必须依靠制度、依靠法治。习近平总书记指出："只有实行最严格的制度、最严密的法治，才能为生态文明建设提供可靠保障。"

国家公园体制建设是我国生态文明制度建设的重要内容，需构建产权清晰、多元参与、激励约束并重、系统完整的制度体系。以下各项制度体系都是需要在总体规划中予以调查，并结合科学性、合理性、可操作性等原则提出并实施的：①归属清晰、权责明确、监管有效的自然资源资产产权制度；②以空间规划为基础、以用途管制为主要手段的国土空间开发保护制度；③以空间治理和空间结构优化为主要内容，全国统一、相互衔接、分级管理的资源总量管理和全面节约制度；④反映市场供求和资源稀缺程度、体现自然价值和代际补偿的资源有偿使用和生态补偿制度；⑤充分反映资源消耗、环境损害、生态效益的生态文明绩效评价考核和责任追究制度。

四、国家公园总体规划中关键问题探讨

国家公园总体规划的内容涵盖较广，在此仅就范围、功能分区、原住居民以及生态旅游这4个关键问题提出意见和探讨。

（一）范围问题

2019年11月，中共中央办公厅、国务院办公厅印发的《关于在国土空间规划中统筹划定落实三条控制线的指导意见》中明确了生态保护红线、永久基本农田、城镇开发边界三条控制线的基本内涵、划定优先顺序及划定原则，指出各控制线的管控要求，提出协调边界冲突的总体思路。明确各类自然保护地应划入生态保护红线，且自然保护地核心保护区原则上禁止人为活动，其他区域严格禁止开发性、生产性建设活动，在符合现行法律法规前提下，除国家重大战略项目外，仅允许对生态功能不造成破坏的有限人为活动。

因此，合理界定国家公园范围边界至关重要，这关系到一个区域甚至地区的社会经济发展和自然保护工作的有机协调和可持续发展。

确定国家公园范围应遵循以下4个方面的原则：①国家公园结构和功能的完整性。②地域单元的相对独立性和连续性。③保护、利用、管理的必要性与可行性。④国家公园的界线应有明显的地形标志物，既能在地形图上标出，又能在现场立桩标界；地形图上的标界范围，是国家公园面积的计量依据。

从技术层面上，确定国家公园范围需就以下一级因子、二级因子综合调查、分析和划定（表1）。

表 1 国家公园范围综合调查、分析、划定表

序号	一级因子	二级因子	说明
1	自然地理	地形、地貌	山系
		水文	水系、河流、湖泊等
		植被	类型及分布
2	生物资源	珍稀濒危野生植物	分布区域
		珍稀濒危野生动物	分布区域
3	旗舰动物物种	旗舰动物物种	分布区域
		旗舰动物物种栖息地	适宜栖息地、次适宜栖息地
4	资源利用	矿产资源	矿产分布、采矿权、探矿权
		水资源	水电站、水利设施等
		风力资源	风力发电厂、线路
		旅游资源	旅游资源分布、旅游景区
5	资源管理	保护地	自然保护区、森林公园、风景名胜区、世界自然遗产、国有林场林区等
		土地权属	国有、集体
		森林管理	公益林、商品林
6	基础设施	道路	县道、省道、国道、高速
		旅游服务设施	游客中心、餐饮、住宿、购物等
		管理站点	站点分布
7	社区	聚居地	村、乡镇、县城

（二）功能分区问题

2017 年 9 月 26 日，《建立国家公园体制总体方案》第五条中明确国家公园的首要功能是重要自然生态系统的原真性、完整性保护，同时兼具科研、教育、游憩等综合功能。第十五条中明确编制国家公园总体规划及专项规划，合理确定国家公园空间布局，明确发展目标和任务，做好与相关规划的衔接。按照自然资源特征和管理目标，合理划定功能分区，实行差别化保护管理。

因此，在国家公园总体规划中，通过管控分区和功能分区，实行差别化管理，满足国家公园多目标需求。

目前，世界上其他国家的国家公园分区管理概括起来有一些共同的特点：

一是通过法律和法案，对国家公园的各分区做出了规定；

二是分区总体集中关注保护和游憩利用两个方面，此外美国设置了特殊使用区开展一些例如商业用地、探采矿用地、工业用地、畜牧用地、农业用地、水库用地等；

三是在管理规划或总体规划中，有明确的分区图，对每个分区允许做什么不能做什么有详细的要求或管理政策。

在我国，云南省地方标准《国家公园总体规划技术规程》（DB53/T 300—2009）中将国家公园功能分区划分为严格保护区、生态保育区、游憩展示区、传统利用区；10个国家公园体制试点区根据各自不同的实际情况，分别将国家公园功能分区划分为核心保育区、传统利用区、生态修复区、特别保护区、公园游憩区、游憩展示区、科普游憩区等区域；《国家公园功能分区规范》（LY/T 2933—2018）将国家公园功能分区划分为严格保护区、生态保育区、传统利用区、科教游憩区。

《关于建立以国家公园为主体的自然保护地体系的指导意见》第三章第十四条中明确提出"实行自然保护地差别化管控。根据各类自然保护地功能定位，既严格保护又便于基层操作，合理分区，实行差别化管控。国家公园和自然保护区实行分区管控，原则上核心保护区内禁止人为活动，一般控制区内限制人为活动。自然公园原则上按一般控制区管理，限制人为活动。结合历史遗留问题处理，分类分区制定管理规范。"

笔者曾在《林业建设》2019年第3期上发表了《论国家公园的"管控-功能"二级分区》，提出国家公园的"管控-功能"二级分区模式，即管控分区和功能分区，先以管控区划对国家公园内的人类活动进行限制，明确人类活动的范围及强度，将国家公园内最应该严格保护的区域严格保护起来，让管控的界线清晰化，管理的目的明确化，管理的手段法制化；再在管控分区的基础上进行功能区划，使资源保护利用科学化、管理精细化、目标多样化、参与多元化，将国家公园各项功能有重点、有计划地稳步落实和发挥（图2）。

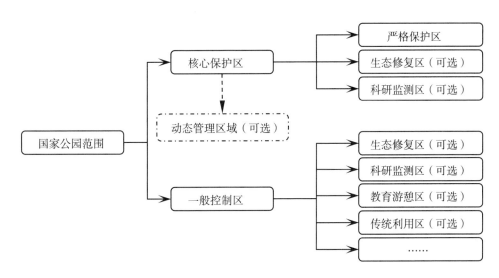

图2　国家公园分区管理示意图

（三）原住居民问题

相较于欧美国家公园的低人口密度现状，我国国家公园内社区呈现人口密度大、人口分布不均、人均资源少、资源依赖度高的特点。据统计，目前全国1 657个已界定范围边界的自然保护区内，共分布有居民1 256万人；10个国家公园体制试点区内约有60万人；如何处理好原住居民问题是实现国家公园可持续发展的最关键问题之一。

为实现国家公园社区的有效管理以及生产、生活、生态"三生空间"的合理划分。结合《关于建立以国家公园为主体的自然保护地体系的指导意见》中国家公园核心保护区内禁止人为活动，一般控制区内限制人为活动的差别化管控要求，笔者曾在《林业建设》2019年第4期上发表了《自然保护地原住居民分类调控探讨》，提出对原住居民不是简单的一搬了之的简单处理方式，可依据不同情况，采取以下分类管控方式。

1. 区划调整型

对于保护价值低的建制镇、非建制镇、城市建成区等人口密集区及其社区民生设施，建议调控措施为区划调整型，将其调整出国家公园范围。对位于人口稠密的南方地区的国家公园，若国家公园内存在大型的行政村，也可根据实际需要选择区划调整型。区划调整型的选择必须加强监管，尤其是空间位置不在国家公园范围内，但原住居民的农林生产和资源利用区域却在国家公园内的，需要充分评估现有产业类型和资源利用方式与保护目标的一致性和差距，做好风险评估。

2. 生态搬迁型

对于规模不大，大分散、小集中的行政村、自然村、游牧部落和零散居民点，尤其是生存条件恶劣、地质灾害频发的区域，建议调控措施为生态搬迁型。可结合国家精准扶贫、生态扶贫等政策，在条件允许的情况下，将位于国家公园核心保护区内的行政村、自然村、游牧部落和零散居民点一次性搬迁至国家公园外。若条件不允许，对暂不能搬迁的可先设立原住居民生产生活区，允许开展必要的、基本的活动，待条件允许逐步搬迁出核心保护区。

3. 保留保护型

对于具有保护价值、承载着历史变迁、积淀着深厚的地方文化，具有很高的历史价值、文化价值、科学价值和旅游价值的自然村落或具有民族文化特色需要保护的游牧部落，调控措施建议为保留保护型。可以考虑保留并划入国家公园的一般控制区，通过协调当地国民经济发展规划、国土空间规划等，统筹整合中央预算内投资和各级财政资金，保障原住居民的合法权利，也可优先选择该区域作为开展生态旅游、自然体验、生态教育的区域，探索全民共享共建的机制。但必须严格控制发展规模，禁止外来人口迁入。

4. 控制转换型

对零星分布、保护价值影响小、确实无法退出的核心保护区内的自然村落和零散居民点，如空心村等，建议调控措施为控制转换型。严格控制村镇聚落空间扩展，限制外来人口迁入。通过产业转型，部分劳动力参与到保护地资源管理、宣传教育、文化活动、特许经营等工作中；尽量引导青壮年异地就业并提供相应的社会保障措施，以时间换空间，逐步降低保护地及周边人口压力，逐步减轻对保护区资源的依赖，进一步缓解保护与利用的矛盾。

（四）生态旅游问题

《关于建立以国家公园为主体的自然保护地体系的指导意见》第四章第十八条中明确提出："探索全民共享机制。在保护的前提下，在自然保护地控制区内划定适当区域开展生态教育、自然体验、生态旅游等活动，构建高品质、多样化的生态产品体系。完善公共服务设施，提升公共服务功能。"通过激励企业、社会组织和个人参与自然保护地生态保护、建设与发展，激发全民的自然保护意识，增强民族自豪感。

传统大众旅游和生态旅游在旅游者行为、基本要求、发展战略、目标、受益者、管理方式、正面影响、负面影响等多方面都有所不同。生态旅游与传统大众旅游最大的差异是旅游者具有环境意识。传统大众旅游者只注重享受自然而不注重保护自然，环境意识较差，而生态旅游者具有较高的环境意识，十分珍视大自然，把保护自然视为一种自觉行为，并且能从大自然中陶冶自己的情操，获得较高的精神享受。

基于我国现阶段基本国情，为了做好国家公园生态旅游管理工作，建议建立健全以下4项机制：

1. 访客行为引导机制

对访客在国家公园可开展的生态体验活动进行管理和限制，指引访客按规划路线、导览标识系统、生态游憩区域开展相关体验活动，并对访客开展安全和生态保护等方面的教育，通过宣传及解说等多种方式来实现对访客的教育及引导，严格遵守国家公园的管理规定，有效约束访客行为。

2. 预约管理机制

结合智慧国家公园建设，通过预约售票方式，实时反映国家公园当前进入人数，有效调节访客量，以降低对国家公园的自然景观与生态系统的干扰程度并使其得到休养生息的机会。严格根据环境容量、环境承载能力和监测结果，防止访客数量超过环境容量，对自然资源和人文资源及其景观产生破坏。

3. 访客生态体验信用记录机制

为每位到国家公园的访客建立一个生态体验记录档案，档案内包括访客的基本信息、兴趣爱好、行为习惯、文明行为记录等，对访客在国家公园内的文明行为和不文明行为进行登记记录，实施适当的奖励和惩罚措施。同时，制定国家公园访客行为负面清单和黑名单管理制度，对自然环境、生态系统、生物多样性以及景观资源等造成严重破坏和影响的访客，国家公园管理部门可启动黑名单管理制度。通过访客生态文明行为（或不文明行为）的"信用储蓄"，加强对访客生态体验活动的监管和教育工作。

4. 访客容量动态监测机制

为了防止访客过量进入造成国家公园自然生态环境逆向演替变化，应以重要野生动植物资源分布种群数量、野生动物遇见频率、野生植物群落及其自然生态系统演替趋势，以及大气、水体等指标变化作为基本的监测评估因子，建立国家公园生态体验访客容量动态监测机制。在科学测算最大环境容量的基础上，采取访客的源头控制性策略，制定国家公园的访客管理目标和年度访客计划，减少访客对国家公园生态环境以及生物多样性的干扰和破坏。

五、结　语

国家公园是一类具有多目标功能的自然保护地，国家公园总体规划是国家公园建设与管理的纲领性文件，范围、功能分区的划定，规划项目的设置，关系到保护与发展的成效，需抱责任之心，需存敬畏之心，在详细调查评估的基础上，科学合理规划，以实现对国家公园的有效管理。同时，国家公园规划体系需在法律法规、技术规程、管理评估等方面进一步制定和完善。

作者简介

孙鸿雁，女，1975年生。国家林业和草原局昆明勘察设计院（国家林业和草原局国家公园规划研究中心）教授级高级工程师，国家林业局第四批"百千万人才工程"省部级人选，国家林业和草原局国家公园和自然保护地标准化技术委员会委员，第一届全国资产管理标准化技术委员会委员，云南省科学技术奖励评审专家，入选第一批全国林草科技创新团队——"国家公园理论与实践创新团队"的团队负责人。长期从事国家公园、自然保护区、森林公园等自然保护领域的相关理论研究和规划实践工作。参与完成的"中国特色国家公园建设技术及模式"成果荣获第十届梁希林业科学技术进步二等奖，所主持的20余个项目均获国家级、省部级奖。对国家公园和自然保护地体系有着较为深刻的理解和认识。

中国竹材加工产业现状与技术创新

李延军

(南京林业大学材料科学与工程学院教授)

一、竹材资源与加工产业的现状

(一)竹材资源的现状

我国是世界竹类资源第一大国,竹子栽培和竹材利用历史悠久,在竹类资源种类、面积、蓄积量、竹制品产量和出口额方面均居世界第一,素有"竹子王国"之誉。我国地处世界竹子分布的中心,竹子有40余属500余种,面积达720万hm^2,占世界竹子资源的1/3,自然分布东起台湾、西到西藏、南至海南、北到辽宁的广阔区域,集中分布于长江以南的18个省(自治区、直辖市)。竹子具有一次成林、长期利用、生长快、成材周期短、生产力高等特点。我国年产竹材约16.1亿根,相当于超过2 400万m^3的木材量,经营竹林显著减少了森林砍伐。竹子因其独特的生长特性、生态功能和经济价值,被公认为是巨大的、绿色的、可再生的资源库和能源库,已被广泛地应用于环境、能源、纺织和化工等各个领域,是培育战略性新兴产业和发展循环经济的潜力所在。在全球环境日益受到重视、提高农民经济收入的背景下,竹材加工产业要牢固树立"以竹胜木"理念,开发利用好这些取之

---

* 第七届中国林业学术大会S36竹业技术创新和现代化发展分会场上的特邀报告。

不尽、用之不竭的竹类资源，为我国山区经济的发展和生态环境的建设作出应有的贡献。

（二）竹材加工产业的现状

竹子是一种木质化的多年生禾本科植物，生长发育独特，具有独特的地下根系统和快速的更新繁殖能力，高径生长快速完成，是一种特殊的生态植被类型，其生物学特性明显有别于作物和林木；竹材直径小、壁薄、中空，木质素、纤维素组成特殊，易分离、易液化、相容性好，其物理、化学性能及加工工艺有别于木材。因而竹类植物曾有"似木非木、似草非草"的雅称。这是在竹材加工利用中需要特别重视的一个特征。竹材加工业要充分了解和认识到竹材的特殊性能，不能简单地"以竹代木"生产各种竹制品，要生产那些附加值和质量比木材优越的"以竹胜木"的竹产品，才能在国民经济的某些领域得到应用。

我国是全球最大的竹产品生产和出口国，经过30多年的发展，我国在竹材加工技术和产品研发方面一直走在世界前列。目前，已开发了竹编胶合板、竹材胶合板、竹席/帘胶合板、竹车厢底板、竹水泥模板、竹篾积成材、竹地板、竹家具板、竹木复合材料、刨切竹单板、重组竹材、竹风电叶片、竹展平板、竹缠绕复合管等一代又一代的竹材新产品，推动着竹材加工的科技进步。竹产业是我国的特色产业，从20世纪80年代中后期，张齐生院士率先提出了以"竹材软化展平"为核心的竹材工业化加工利用方式，发明了竹材胶合板生产技术，产品广泛应用于我国汽车车厢底板和公交客车地板，开创了竹材工业化利用的先河；随后又开发了以竹篾、竹席、竹帘为构成单元的竹篾积成材、竹编胶合板和竹帘胶合板；20世纪90年代初期竹材工业发展迅速，竹家具板、竹地板、竹集成材等各种工程结构用竹材人造板的生产规模快速壮大，张齐生又适时提出了"竹木复合"的发展理念，建立了竹木复合结构理论体系，开发了竹木复合集装箱底板等5种系列产品，竹材加工技术逐步走向成熟。2000年后，竹材加工利用的技术和产品发生了重大变化，即：①竹材加工机械化、自动化和信息化技术进一步提高，如重组竹高频胶合、竹材加工数控机床等；②竹单板及其饰面材料制造技术以及各种竹装饰制品迅速发展，如刨切竹单板、薄竹复合板、竹单板贴面人造板等；③竹材加工的方式及产品用途进一步拓展，如大片竹束帘、竹材展平等；④竹材化学加工利用技术日趋成熟，如竹炭、竹醋液、竹纤维等；⑤竹保健品发展趋势明显，如以竹笋、笋箨为原料的膳食纤维、低聚糖，以竹叶为原料的竹叶黄酮等。

目前，我国竹产业已经形成一个集文化、生态、经济、社会效益于一体的绿色朝阳产业链。无论是竹林面积、竹材产量，还是竹林培育、竹材加工利用水平等，均居世界首位。我国竹产业的研究领域广泛而深入，竹工机械、竹基人造板、复合材料与竹材综合利用技术方面一直引领国际前沿，竹材产品涉及竹地板、竹家具、竹材人造板、竹工艺品、竹装饰品、竹浆造纸、竹纤维制品、竹生活品、竹炭等十几个类别、上千种产品，产品出口日、韩、美、欧等数十个国家和地区，形成广泛的影响力。据统计，2018年我国竹产业总产值达到2 456亿元，从业人员约1 000万人，竹产业已经成为我国山区经济发展和农民脱贫致富的经济增长点。

二、我国竹材加工产业存在的问题

30多年来，我国竹产业确实取得了长足的发展，但就整个产业来说，依然存在着许多问题，主要表现在：①竹产业技术和经济区域发展不平衡。我国东部沿海省份如浙江、福建等的竹产业发达、技术水平较高、经济效益较好，内陆省份虽然竹资源丰富，但竹产业发展滞后，技术水平和经济效益较低。中西部地区竹资源优势和潜力远未发挥出来，如贵州、云南等省。②产业发展不协调，产业链短，大多以一产为主，二产不发达，三产发展落后，产业发展驱动力弱，导致竹产业整体水平不高，经济效益不突出。③国内竹产品市场整体消费氛围尚未形成。由于消费者对产品认知度不高，国内许多生活用品都是木质为主，相比较而言，因竹产品的自然、生态、性价比高，其消费在欧美等国外市场被普遍接受，如竹地板、竹质家具、竹制日用品等远销海外。④企业规模小，低水平重复建设频繁，产品同质化突出，市场恶性竞争严重，产品附加值和经济效益偏低。到2011年，全国竹材加工企业近12 756家，其中年产值低于500万元的企业占总数的59.4%，产值超亿元的企业只占企业总数的0.8%。因此，竹材加工企业总体规模偏小，普遍属于依赖资源的劳动密集型企业，处于原材料综合利用率低、机械化程度低、劳动生产率低的生产状态。另外，企业在产品开发上不重视对科技的投入，造成企业创新能力差、产品科技含量低、品种少、同质化现象严重等问题。近年来由于原材料、劳动力、运输成本的上升，企业利润普遍缩水，几乎无利可图，经营十分困难。如竹材胶合板、竹篾胶合板、竹水泥模板等产品遍地开花，附加值不高，不少企业已被迫停产。

就竹材加工利用而言，目前我国的竹材加工企业确实遇到了前所未有的困难，主要存在的原因有以下4个方面。

（一）劳动力成本上升过快

竹材加工业是一个劳动密集型产业，生产机械化、自动化和信息化程度低，多数工序摆脱不了人工操作，特别是半成品加工，基本都依靠人工配合机械完成，如备料工序的竹子截断、剖竹、制篾、削片、竹片挑选、精刨竹片等；竹材人造板加工中的竹单元材料堆垛、装卸、浸（涂）胶、组坯、热压胶合、纵横锯边等工序，都少不了工人手工作业，使用人工的比例很高。20世纪80年代初，竹材加工产业的一线工人月工资仅 300 ~ 400 元，目前，月工资上升到 3 000 ~ 4 000 元，上涨近 10 倍。此外，由于很多企业的生产条件未得到根本性改善，很多年轻人不愿从事竹材加工行业，导致竹材加工企业开始出现招工难的情况。

（二）竹材原料价格上涨幅度过大

随着竹材加工产业的快速发展，竹材原料的价格近年来也一路攀升。一根胸径 10 cm 的毛竹（重量约 25 kg），20 世纪 80 年代初运至山下公路边售价仅为 1.8 ~ 2.0 元/根，目前，同样大小的毛竹售价达 18 ~ 20 元/根，价格上涨近 10 倍。

（三）竹产品价格未能同步上涨

由于竹产品和木材产品有相似或相近的功能，因此产品的价格往往要与木材产品进行比较。凡是"以竹代木"的产品，很难跳出木材产品的范畴。近 40 年来，竹产品价格和其他产品一样，由于质量提高和基本原材料物价上涨，价格也有所调整。20 世纪 80 年代初，竹材胶合板的出厂价约为 2 000 元·m^{-3}，而目前竹材胶合板的出厂价为 3 500 ~ 4 000 元·m^{-3}，仅上涨 1 倍。远远没有实现与原竹和劳动力价格的同步增长。虽然如此，但由于企业管理加强和科技进步，一般企业劳动生产效率也提高了 1 倍多，可以抵消部分生产成本上涨对企业的影响。

（四）竹材加工产业优化升级世界范围内无先例可循

中国是世界上竹材加工产业技术最先进、规模最大的国家，是传统的竹产品出口国，也是亚非拉国家学习的榜样。日本、韩国在 20 世纪 80 年代具有较好的竹材加工产业基础，但由于劳动力成本和竹材价格的上升，新技术、新产品的缺乏，产业逐步萎缩和转移。欧美等经济发达国家没有竹材和竹产业，只是进口和使用各种竹材产品。因此，我国无法从国外进口技术和设备，也无企业优化升级的先例可循，唯一的出路只能依靠自主创新。

三、竹材加工产业的技术创新和展望

（一）重视科学与创新，开发"以竹胜木"的新技术和新产品

竹材加工产业是我国的特色产业，许多技术和装备无法从国外直接引进，也不能简单照搬和效仿木材加工业的技术，要根据竹材直径小、壁薄中空和易劈裂的特点，科学加工应用竹材。因此，只有坚持自主创新、自我发展才是唯一出路，要着眼长远，立足当前，提质增效，勇于创新，敢于创新，努力开发拥有自主知识产权的竹材新技术和新产品。另外，竹材产品与市场接受密切相关，竹材加工产业要遵循市场规律，在以价值导向为目标的基础上，开发"以竹胜木"的高附加值新产品，才能得到市场的认可。竹材加工产业还要充分考虑竹材的固有特性，在提高资源利用效率、降低能源消耗的前提下，大力发展机械化、自动化和信息化程度高的竹工机械，实现"机器换人"，提高劳动生产效率和产品附加值。对于竹材加工这样一个劳动密集型和惠民的产业，各级政府应加大科技投入，给予必要的政策扶持，使竹材加工业成为一个蓬勃发展的绿色朝阳产业。

（二）加快用信息业和制造业技术改造传统竹材加工业的步伐

竹材由于结构的特殊性，在加工利用上的难度要比木材加工利用的难度大得多，大多数竹产品的生产手工作业较多，难以机械化、自动化生产，劳动效率很低，竹材利用率低、生产成本较高。这就迫切需要用制造业和信息业的技术来改造传统的竹材加工产业，使竹材加工业的生产过程逐步实现机械化和自动化。

1. 改进竹产品结构，调整和简化生产工艺，便于实现机械化和自动化生产

重组竹是在竹材层压板的基础上经改进于21世纪初发展起来的，与传统的竹集成材相比，具有材料利用率高、生产技术简单，产品纹理酷似珍贵木材等优点。根据重组竹生产工艺的差异，可分为冷压成型高温热固化和热压胶合成型两种主要生产方法。经过科技创新，张齐生院士带领自己的团队开始从事高频热压胶合技术的研发，现已成功应用于重组竹材的生产，在现有传统热压胶合工艺的基础上较大幅度地提高了生产效率和产品质量；同时团队也正在着手开发重组竹连续化、自动化中试生产设备，把竹重组材料按任意长度要求来进行截断，做建筑用的梁、柱等材料，将会为竹子进到建筑领域开辟一条很好的通道。于文吉等人开发出以多级辊压的竹束片为基本单元（即将一定长度的竹筒剖成2～4片，一次通过碾压设备，将其加工成竹束片），并应用自行设计开发出的相应缝拼设备，从而将竹束片缝拼成整张化的竹束帘，减少了后续干燥、浸胶、组坯的工作量。李延军等提出开发的以高温热处理竹束为原料单元生产的竹重组材，经表面涂布弹性油漆或木蜡油，可制成户外用材，经久耐用。

另外，在竹筷生产中，将传统的双生筷生产技术调整为单根筷的生产技术，即将原来竹材去节加工的制造方法调整为保留竹节，大大提高了材料利用率。使生产工艺更加简单，可以使每根竹子生产筷子的数量从180双增加到360双，竹材生产效率和利用率均提高了1倍。

2. 用信息业和制造业新技术改造传统的竹材加工产业

竹材加工业应采用"机器换人"的方法来提高劳动生产率。杭州庄宜家具有限公司在传统的竹集成材桌面加工过程中引进数控加工中心进行加工，就一张整竹桌面的加工而言，以原来6人/天生产30张，到现在2人/天加工300张，生产效率提高30倍；浙江、福建等竹材加工企业将冷压成型-热固化竹重组材生产工艺中的固化后模具拔销、半成品脱模、模具转运等由人工来完成的工序，集合至一台连续

化生产线上完成，大幅度减少工人数量，降低劳动强度，提高了生产效率；在生产经营模式上全面推行现代科学的管理方法，实行企业销售地区的总代理模式，设立专卖店和办事处，完成企业的"销售员"向"接单员"的角色转化，从而避免了销售员控制企业的销售市场，形成"一支独大"的局面；另外，企业在引进木质办公家具生产线的同时，充分考虑到竹材家具的特性，改进生产技术和设备，大大提高了企业的产品质量和生产效率。

3. 开发竹材加工新技术新产品，实现新理念

竹材纵向强度大，易弯曲；横向强度小，容易产生劈裂。多年来，竹业界一直攻克将竹筒沿圆周方向快速无裂纹展平技术，但均未实现。近期，通过竹业界多年艰苦的科技创新，我国竹材加工的"竹材无裂纹展平技术"的梦想终于实现。这个工艺主要是将新鲜的竹材在软化罐内通过饱和蒸汽加热至160～190 ℃，达到竹材的软化温度，使其塑性增强，加热4～15 min后取出趁热通过展平机压辊上的钉齿或刻线分散竹内壁上的应力，将开缝的竹筒加工成竹青面无裂缝的平直状条形竹片。目前，这项技术已成功应用于竹砧板、竹地板和其他竹制品上，应用前景广阔。

（三）加快竹材加工企业转型升级步伐，优化产业结构

竹材加工产业在"以竹代木"和"以竹胜木"这两种观念中，要减少和淘汰传统和附加值不高的"以竹代木"的竹材胶合板、竹篾层级材等产品，要牢固地树立"以竹胜木"的理念。"以竹代木"的竹材产品始终离不开木材产品的范畴，在价格和质量上难以取胜；只有开发出各种"以竹胜木"的高附加值的竹材新产品，竹材产品才能具有市场竞争力。

1. 开发刨切竹单板饰面产品，应用于装饰装修领域

刨切竹单板是我国近年来开发的具有自主知识产权的竹材精深加工新产品，目

前已经在国内多家企业实行工业化生产。竹单板由于特殊的竹材纹理与性能，已经成为竹材装饰的主要产品之一。竹单板一般厚度为 0.3 ~ 1.0 mm，可以制成与人造板相同尺寸的幅面，粘贴其表面获得装饰效果；也可以通过自身多层复合制得性能优异的薄竹胶合板，发挥竹材优越的韧性，制成一些平面或异型产品，如圆形管道、茶具外套、自行车车架、明信片、眼镜盒等。另外，刨切竹单板装饰已应用于西班牙马德里机场天花板、宝马汽车内饰等国际知名工程；同时一些国内外著名设计师也对竹材装饰情有独钟，对发展竹材装饰产业起到了极大的促进作用，出现了用全竹装饰的无锡大剧院、济南大剧院、山东大剧院等大型国内工程。

2. 开发新型竹家具

竹集成材家具是近年来发展迅速的竹产品。竹材具有纹理清新、色彩淡雅、稳重大方等特点。竹材加工企业可充分利用竹材绿色、环保以及可持续性发展的特点，设计一些式样新颖、结构独特的竹家具，开辟国内外市场。竹集成材家具可以利用竹材强度高、韧性好的特点，制成结构简单的拆装式家具，也可制成曲线型家具；竹集成材家具也可进行简洁的雕刻，使其具有雍容华贵的感觉。如竹集成材橱柜，竹集成材办公桌及书柜，竹集成材椅子、茶几、屏风，竹集成材书房家具，竹工艺门，等等，一系列产品。

原竹家具也是近年来发展迅速的竹产品。经过材性处理的原竹家具防虫蛀，不会开裂、变形、脱胶，坚固耐用，易于长久保存，物理力学性能也相当于中高档硬杂木家具。原竹家具不仅是实用的商品，还具有相当高的观赏性，结合竹材冬暖夏凉的特点以及中国传统竹文化中的伦理道德、审美意识，外形美观、质量上佳的原竹高档家具经浙江安吉的竹材企业推出，很快赢得消费者的青睐。

3. 大力发展各种日用竹制品

随着竹材加工技术的不断进步，人们消费观念的不断更新，竹制品也要不断推陈出新。在传统竹制品的基础上，利用新技术新工艺开发一些人们崇尚自然的生活用竹制品。竹凉席、竹地毯、竹筷子、竹签、竹牙签、竹香棒、竹灯具、竹家具、竹室内装修制品、各系列竹砧板等竹制品，深受消费者喜爱，发展前景广阔。

竹集成材也可用于制作日用电子产品和各种日用竹制品。如竹制电子产品、竹制保温杯、竹集成材制作的浴盆、竹集成材制作的花瓶等。

4. 针对市场需求，开发具有重大前景的新型竹产品

目前在给排水工程及石油化工防腐场合中，所用的管道普遍为钢管、聚氯乙烯管、聚乙烯管、玻璃钢管等有机塑料管道，或者水泥管道。由浙江鑫宙竹基复合材料科技有限公司率先提出和发起研究，并与国际竹藤中心联合开发"竹质缠绕复合管"技术和产品。竹缠绕复合管是以连续的薄竹篾或竹束纤维为基材，以热固性树脂为胶黏剂，采用先进的环纵向层积二维缠绕工艺，加工制成的多层结构新型生物基复合管道。竹质缠绕复合管充分发挥竹材纵向拉伸强度高、柔韧性好的材性优势，突破林产工业传统的平面层积热压加工模式，实现环向缠绕层积，打造多壁层结构的异型产品。该产品可应用于水利输送、农业灌溉、林业工程、城市管网等领域，市场潜力巨大。

（四）发展循环经济，提高综合效益

竹子和木材一样，其化学成分主要为木质素、纤维素、半纤维素，内含碳、氢、氧三大元素，竹子生长快、成材早，单位面积的生物量比一般的木材大，是生物质能源和生物质化学品的重要来源。由于竹子的特殊构造，竹制品生产过程中劳动力密集，生产效率低，竹材利用率只有30%～40%，大量的竹材加工剩余物都作为锅炉燃料而未能被高附加值利用，加强对这些剩余物的循环利用是竹材加工业可持续发展的又一个重要出路。

1. 竹材元素利用

为了提高竹材资源的利用率和附加值,安徽格义清洁能源有限公司提出了竹材的元素利用方法,即将竹材中的木质素、纤维素、半纤维素分别提取出来,分类制造出后续的高附加值产品。该方法创新能力强、资源利用率高,具有很好的经济效益,值得大家来思考。

2. 竹材生物质能源和生物质化学品利用

云南是我国的重要的竹材产区,资源种类主要为大径级的丛生竹,亩产量平均可达 5 t 以上,资源非常丰富。丛生竹的直径虽然大,但材质结构比较粗松,加工性能不如毛竹好。竹制品的市场主要在东部地区,运输距离太远,发展像东部一样的竹产业,面临着很多不利因素。云南的竹产业迟迟难以起步。最近,经专家考察,提出了竹材气化多联产技术,可以将这些竹材废料和未被利用的原料进行热解,同时产生固、液、气 3 种产品,生物质燃气可用于发电或直接供给锅炉,炭材可加工成活性炭,冷凝出的生物质提取液可制成叶面肥或杀菌剂,实现了竹子资源的全利用,前景广阔。

3. 竹炭、竹醋液精深加工与应用

竹炭、竹醋液作为一个新兴产业,近年来在国内得到了迅猛发展。竹炭的净化水和空气、导电、电磁波屏蔽、防静电、释放负离子、发射远红外线等功能,以及竹醋液的防虫、杀菌、促进植物生根、发芽、生长以及果实的成熟等机能,在国内的应用领域日益扩展,已逐渐渗透到人们生活的各个领域。但是竹炭的使用效果目前大多数仅限于保健品,市场容量不够大,仍需继续对竹炭和竹醋液进行深度开发和利用,使竹炭和竹醋液的后续产品成为生活和生产用的必需品。另外,加工竹炭和竹醋液的竹子类型广泛,劳动生产效率和资源利用率高,竹材加工剩余物也可充分利用,可实现全竹综合利用。

四、结　语

日本、韩国和我国的台湾地区原有较好的竹材加工产业基础，由于经济快速增长，劳动力成本不断上升，竹材加工业都从兴旺走向衰落。当前我国宏观经济也处在转型升级的关键时期，劳动密集型产品的竞争优势正在逐步丧失，我国也出现了与他们当年相同的严峻形势，竹材加工的科技工作者和企业界应从战略的高度来思考和展望竹材加工利用的途径。竹材加工业要充分了解竹材的特性，重视科学与创新，牢固树立"以竹胜木"的理念，开发出各种附加值高的"以竹胜木"的新产品；要加快用信息业和制造业技术改造传统的竹材加工技术，改进产品结构，优化生产工艺；要加快竹材加工企业的转型升级，优化产业结构；要发展循环经济，提高综合效益，实现竹材加工产业的转型升级。

作者简介

李延军，男，1970年生。南京林业大学二级教授、博士生导师。国家林业和草原局竹材工程技术研究中心主任、竹质结构材料产业国家创新联盟理事长。国家"万人计划"领军人才，"新世纪百千万人才工程"国家级人选，享受国务院特殊津贴专家。长期从事木竹材改性、生物基复合材料以及竹材工程材料开发领域的教学和科研工作。获国家技术发明二等奖1项（主持）、国家科技进步二等奖1项（排名第2），省部级奖10余项；授权国家专利50余件；主持制定国际标准、国家林业行业标准7项；发表学术论文100余篇。曾获得"江苏留学回国先进个人""江苏省优秀科技工作者""浙江省农业科技先进工作者""全国优秀教师""国家有突出贡献中青年专家"等荣誉称号，曾被授予庆祝中华人民共和国成立70周年纪念章。

油茶果预处理装备及其智能化发展方向

汤晶宇

（国家林业和草原局哈尔滨林业机械研究所研究员）

一、我国油茶主要栽培良种

（一）油茶简介

油茶是我国的主要经济林木，与油棕、油橄榄和椰子并称为世界四大木本食用油料植物。主要分布于我国长江流域以南地区，江西、湖南、广西等省（自治区、直辖市）是主要产区。茶油色清味香，营养丰富，耐贮藏，是优质食用油；也可作为润滑油、防锈油用于工业。茶饼既是农药，又是肥料，可提高农田蓄水能力并防治稻田害虫。油茶果果皮是提制栲胶的原料。

目前，我国茶油全产业链加工格局已初步形成，各类加工企业达 1 018 家，年产茶油 160 万 t，产值近千亿元，相比 5 年前产量、产值分别提高 2 倍、3 倍。根据《全国油茶产业发展规划（2009—2020 年）》，到 2020 年，我国力争使油茶种植总规模达 7 000 万亩，茶油产量达 250 万 t。

---

* 第七届中国林业学术大会 S23 林（草）装备与信息化分会场上的特邀报告。

(二)油茶产业发展重要性

油茶作为我国南方最重要的食用植物油资源,具有明显的发展优势与潜力。

一是适生范围广。作为油茶主产区,我国 14 个省(自治区、直辖市)的低山丘陵地区均可栽植油茶,也适于复合经营,可以充分利用边际性土地来发展,不与粮食争地。

二是茶油品质好。茶油不饱和脂肪酸含量 90% 以上,还含有特定的生理活性物质,具有降低胆固醇、预防心血管疾病等医疗保健功效,已被联合国粮农组织(FAO)列为重点推广的健康型食用植物油。

三是经济价值高。近年来油茶产品价格持续走高,油茶籽销售价突破 6 000 元 $\cdot$ t^{-1},毛油价格高达 6 万元 $\cdot$ t^{-1},茶油副产品茶枯、茶壳的售价也连年上涨。

四是生态功能强。油茶根系发达,枝叶繁茂,四季常绿,耐干旱瘠薄,是生态效益和经济效益兼备的优良树种,在南方红黄壤土地治理和退耕还林工程中广泛应用。因此,充分利用我国南方低丘、岗地和边际性土地,大力发展油茶产业,对于促进油料生产、缓解耕地压力、保障粮食安全、增加农民收入具有重要的意义。

(三)国家对油茶产业高度重视

9 月 17 日,习近平总书记前往河南省光山县司马光油茶园和文殊乡东岳村,考察调研当地脱贫攻坚工作成效和中央办公厅在光山县扶贫工作情况,看望慰问老区群众。习近平强调,种植油茶绿色环保,一亩百斤油,这是促进经济发展、农民增收、生态良好的一条好路子。路子找到了,就要大胆去做。要通过"公司+农户"的方式,朝着市场化、规模化的方向发展,使公司和农民彼此受益。

国家林业和草原局局长张建龙在 2019 年全国林业和草原科技工作会议上发表《全面提升林草科技工作水平 引领林草事业高质量发展和现代化建设》讲话中指出:长

期以来，习近平总书记高度重视林草和科技创新工作。要坚持走绿色发展的路子，推广新技术，发展深加工，把油茶业做优做大，努力实现经济发展、农民增收、生态良好。习近平总书记对油茶产业的关心和重视，让我们倍受鼓舞和振奋。国家林业和草原局10多年来持续推动油茶产业发展，在扩大种植、技术研发、产品打造、政策扶持等方面做了大量工作。昨天，国家林业和草原局和湖南省人民政府又共同启动了"中国油茶科技创新谷"建设，进一步集聚各方人才、技术、资源优势，加速推进油茶科技创新，充分挖掘油茶发展潜力，努力使油茶产业成为农民群众增收致富的好产业，这也是我们贯彻落实习近平总书记关于油茶产业发展最新指示的具体行动。

（四）我国油茶主要栽培品种

我国油茶种质资源极为丰富，有近200种，大部分分布在长江流域和南方山地丘陵。主要的品种有普通油茶、小果油茶、攸县油茶、浙江红花油茶、腾冲红花油茶。

经过科学选育的主要油茶良种有：

（1）由中国林业科学研究院亚热带林业研究所选育的亚林系列（亚林4号、亚林1号、亚林9号、亚林40号）和长林系列（长林4号、长林3号、长林53号、长林18号、长林23号、长林27号、长林21号、长林55号）。

（2）由赣州市林业科学研究所选育的GLS赣州油系列（GLS赣州油1号、GLS赣州油2号、GLS赣州油3号、GLS赣州油4号、GLS赣州油5号）和赣州油系列（赣州油1号、赣州油2号、赣州油6号、赣州油7号、赣州油8号、赣州油9号）。

（3）由江西省林业科学院选育的赣抚20、赣石84-8、赣无1、赣兴48、赣8。

（4）由湖南省林业科学院选育的湘林系列。

（5）由广西壮族自治区林业科学研究院选育的岑软系列、桂无系列。

（6）由安徽省选育的大别山系列。

（7）由湖北省选育的鄂油系列。

（8）由福建省选育的油茶闽系列（闽43、闽48、闽60）。

（五）油茶果物理形态

油茶果由油茶蒲（果壳）、茶蒂、茶籽组成。整体呈球状或卵圆状，直径在2～4 cm分布不等，分为1～5室，每室内有种子1粒或2粒。茶籽背面呈圆形拱起，腹面扁平，表面淡棕色，富含油脂（图1）。成熟期的油茶果，果壳微裂，此时应及时采收。

图1　油茶果物理形态

对油茶果的尺寸进行测量。油茶果壳柄部、顶部长度范围为 5～8 mm，平均为 6.24 mm；腰部、肩部长度为 2～4 mm，平均长度为 3.22 mm；油茶籽纵向长度为 10～20 mm 的占总量的 86%，横向长度为 7～13 mm 的占总量的 94%，径向长度为 5～11 mm 的占总量的 87%（图 2）。

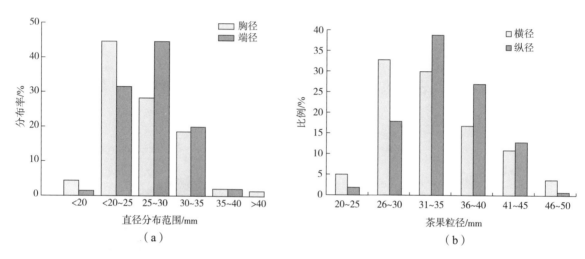

图 2　油茶果、茶籽直径分布图

确定油茶果、茶籽的尺寸分布情况后，可以按照尺寸的大小，对油茶果进行分级，之后将其放入对应尺寸的脱壳装置中，避免由于油茶果大小不同造成的脱壳不全面、茶籽破碎等情况。

分别对不同大小的油茶果进行脱壳，对茶籽与果壳碎片进行测量，分析果壳与茶籽的尺寸大小分布情况，对油茶果脱壳后的茶籽清选工作进行理论研究（表 1）。

表 1　油茶果形态广义状态

油茶果大小	茶籽			果壳		
小果	—	中	小	—	中	小
中果	大	中	小	—	中	小
大果	大	中	小	大	中	小
特大果	大	中	小	大	中	小

从油茶果品种特性、形态特性进行分析，目前我国种植的油茶果主要存在以下问题：油茶果品系多、内部结构差异大、外形尺寸大小差异大。单一尺寸的油茶果脱壳机构可能会发生小果脱壳不净、大果受力过度的情况，无法满足使用需求。同时，部分油茶籽与油茶壳外形相似度高，将脱壳后混在一起的二者分离也是研究工作的重点。

二、油茶果预处理技术装备

油茶果在成熟后要迅速采收，经过一系列处理工序后进行压榨工作，其工作步骤为：采收→堆沤→晾晒→脱蒲（壳）→清选→干燥→炒制→碎粉→制饼→压榨。

其中对油茶果的预处理工序主要包括堆沤、晾晒、脱蒲（壳）、清选、干燥等。

（一）堆　沤

油茶果采收后，一般要堆沤 5 ~ 7 天，其目的是让茶籽起到后熟作用，增加油分（图3）。

（a）

（b）

图3　堆沤

（二）晾 晒

将堆沤工作完成后的油茶果摊开翻晒，晾晒 3～4 天后，部分油茶果自然开裂（图 4）。一般晾晒 10 天左右，才能使淀粉和可溶性糖等有机物充分转化成油脂。

油茶果机械化预处理前必须以堆沤、晾晒等方法降低其含水率。

图 4　晾晒

（三）脱蒲（壳）

评价机械脱壳运行好坏的指标主要有损失率、生产效率、脱净率、破损率、清选率（含杂率）。损失率主要指油茶果在进行机械脱壳过程中因为某些原因损失掉的部分，如因尺寸原因无法被脱壳。脱净率指油茶果壳与茶籽分离、脱净的比例。破损率指在脱壳过程中对油茶籽造成的破损所占的比例。清选率指清选后的茶籽中所含杂物的比例。

油茶果的脱壳方法主要分为鲜果脱壳与爆蒲脱壳。鲜果机械脱壳的主要影响因素为含水率、油果精细化分级等。爆蒲脱壳的主要影响因素为温度控制、传送速度、平铺厚度等。

机械脱壳大都采用撞击、剪切、挤压、碾搓和搓撕原理，使茶籽与油茶壳分离。

挤搓型油茶果脱壳机（图5）采用内外笼式结构，内外笼都是用一圈螺纹钢条焊接而成的，同轴心且相对旋转，内外笼之间形成进料端大、出料端小的剥壳室，油茶果在内外笼之间，不断向前输送，同时逐渐受到挤压，进而挤碎油茶果。这种刚性挤压揉搓型设备，在脱壳的同时也容易将茶籽撞碎，导致茶籽破损率较高。

挤压、抽打式油茶果脱壳机（图6）作业时，油茶青果从入料口下落到两个相对旋转的挤压辊之间即被挤裂，然后继续下落到筛网以上的柔性抽打辊所在的腔内，被柔性抽打辊抽打后果皮与油茶籽即可完全分离，之后从筛孔落下进入出料口，并从出料口滑出。这种采用柔性辊挤压抽打式的脱壳方法可以较好地降低油茶籽的破损率，但是整体脱壳效率较低。

剪切型油茶果脱壳机（图7）通过旋转的刀片划开油茶果，完成脱壳工作。工作时，油茶果通过进料仓进入脱壳装置中，在下落过程中通过风机吹走尘渣，从沉渣口排出。脱壳装置由转轴与脱壳刀片组成，通过电机带动转轴旋转，进入脱壳装置的油茶果被旋转的脱壳刀片撞击切割，使油茶果壳破开，达到壳、籽分离的效果。采用多滚刀撞击剪切型的设备能高效快速地切碎油茶果壳，脱壳率及生产效率有所提升，但茶籽的破损率也随之增大。

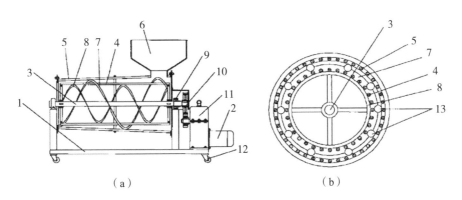

1—机架；2—电机；3—主轴；4—内笼；5—外笼；6—进料斗；7—外叶片；8—内叶片；9—轴承；10—传动齿轮；11—减速器；12—万向轮；13—油茶果。

图5　挤搓型油茶果脱壳机

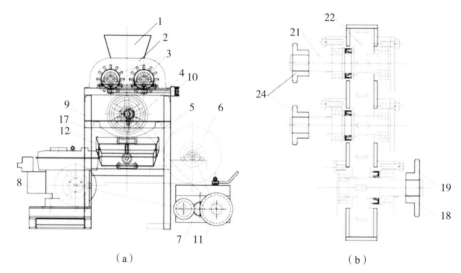

1—入料口；2—变向箱；3—齿辊；4—主辊；5—半圆筛；6—风机；7—变速箱；8—柴油机；
9—机架；10—手轮；11—离合器；12—长条筛；13—齿盘；14—丝杠；15—丝母；16—链条；
17—连杆；18—输入轴；19—输入链轮；20—输出轴；21—输出链轮；22—齿轮。

图 6　挤压、抽打式油茶果脱壳机

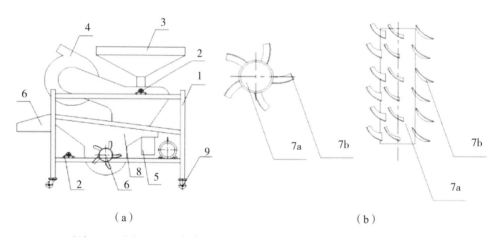

1—机架；2—电机；3—进料仓；4—尘渣口；5—出籽口；6—出壳口；7—脱壳装置；
7a—转轴；7b—脱壳刀片；8—脱壳箱；9—活动滚轮。

图 7　剪切型油茶果脱壳机

晒好的油茶籽应放在通风干燥处存放 1～2 个月，至油茶籽出油率达到最高时，复晒 1～2 天后，进行压榨处理。

（四）烘　干

传统油茶籽的干燥方式为晾晒，但受到天气影响较大，机械干燥（图8）能有效防止天气造成的影响，还能提高生产效率。目前，主要应用的机械干燥方法是热风干燥。通过热风干燥的茶籽在贮藏过程中酸价和过氧化值升高最小、品质最好，且干燥时间大大缩短，是油茶籽加工企业首选的干燥处理方法。

（a）

（b）

图8　油茶果烘干机

三、多通道精细化油茶果机械脱壳设备

国家林业和草原局哈尔滨林业机械研究所油茶机械装备研发团队对油茶果的形状特性、大小分布进行分析后，研制出一种多通道精细化油茶果脱壳清选方法（图9）。对采摘下的油茶果进行分级，按照不同体积将油茶果分为多级，对每一级的油茶果分别进行脱壳，再将脱壳后的壳、籽混合在一起，通过外径尺寸进行筛选分成4级：碎渣、小果壳和小茶籽、大果壳和大茶籽、特大果壳。除去碎渣与特大果壳，对其余2级分别进行清选，获得茶籽。此方法已申报发明专利4项，

实用新型专利 3 项，合计 7 项技术专利。

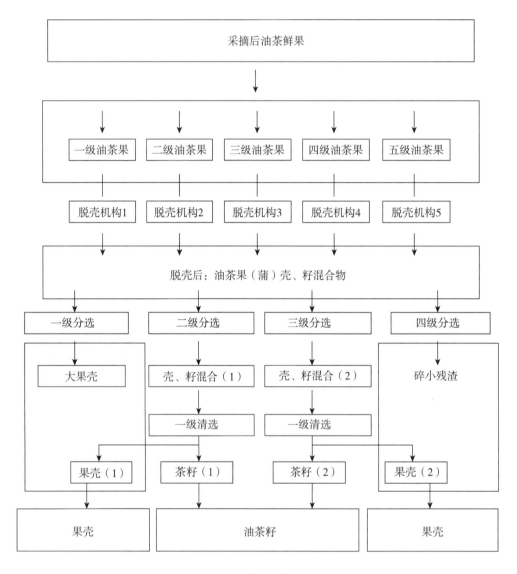

图 9 多通道精细化油茶果机械脱壳技术工艺流程

多通道精细化油茶果机械脱壳设备的多个料斗和多个脱壳机构成一排设置在机架上，每个料斗的下方对应设置一个脱壳机构。油茶果经过分级后进入脱壳装置中，脱壳装置由底板、传动轴、滚筒和多个抽打棒组成，传动轴通过轴承座设置在机架上，其上固定有滚筒，滚筒上设置有多个呈交错布置的抽打棒，滚筒的底部设置有与抽打棒端部保持一定距离的底板，底板固定在机架上，其上设置有多个能容纳油茶果壳和茶籽通过的孔。通过传动机构驱动传动轴，带动滚筒转动，分选后的体积相差不多的油茶果进入到各自对应的料斗中，通过滚筒上抽打棒与底板的挤压以及抽打棒的撞击作用将油茶果壳撕碎，达到脱壳的目的。

得到壳、籽混合物后，进入分级式油茶果轴辊强制带入式壳籽分离装置。多个小轴辊组件和多个大轴辊组件成一排设置在机架上（图10）；且相邻2个大轴辊组件之间设有1个小轴辊组件，1个大轴辊组件与1个小轴辊组件之间设有一定间隙，相邻的小轴辊组件和大轴辊组件通过齿轮啮合传动。轴辊的横截面为棘轮轮齿形，如此设置是为了增大摩擦力，将果壳强行带出。当茶籽和果壳进入到大轴辊和小轴辊之间时，因茶籽形状比果壳形状相对规则，果壳受到轴辊向下的力较大而被强行带走，茶籽受到的切向力较大被向前传动，直至进入到出口处被收集。

图10　多通道分级脱壳机清选辊

采用多通道精细化油茶果机械脱壳技术工艺制造而成的1GT-1500型油茶鲜果分级脱壳机（图11）已于2017年完成油茶果脱壳机原理验证试验，于2018年完成油茶果脱壳机性能应用试验，其在工作过程中性能稳定，满足使用需求。

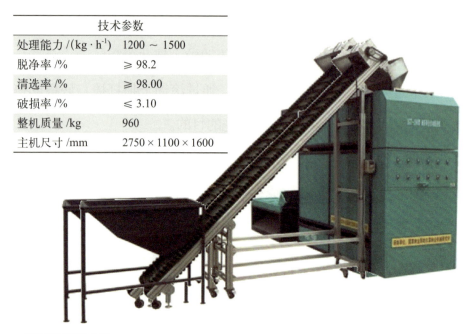

知识产权发明专利：2018111855092；2018111854935；2018111845300；2018111845175

图 11　1GT-1500 型油茶鲜果分级脱壳机

四、智能化未来发展方向

（一）油茶果处理成套技术

根据油茶果采摘后的处理流程，规划出油茶鲜果处理成套技术工序图（图12），使采摘下来的油茶鲜果通过油茶果上料机进入到分级设备、脱壳设备，脱壳后的壳、籽混合物通过提升机进入到清选设备，完成壳、籽分离，最后将茶籽输送到烘干设备，完成整套油茶果预处理工序。该套处理设备将大大缩短油茶果榨油前预处理工作的时间，减少油茶果的腐败，节约劳动力，提升生产效率。国家林业和草原局哈尔滨林业机械研究所油茶机械装备研究组设计了成套处理技术工序方案。

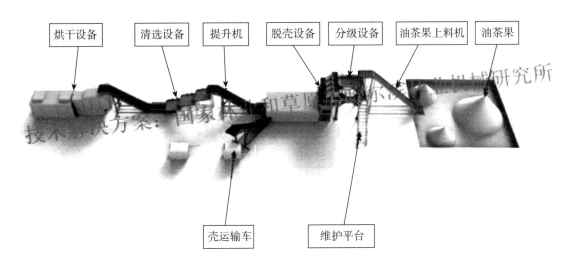

图 12　油茶鲜果成套处理技术工序图

（二）智能化发展

一是为油茶果预处理设备单机配备程序化控制方案，使脱壳设备可以根据上料口的喂入量自动调节分级、脱壳、清选、烘干等装置的转速、转矩等，减少人工操作，实现全自动运行。设置智能化监控功能，实现一名工人可以通过电脑反馈的信息同时操纵多台设备，减少所需劳动力，实现智能化。

二是将油茶产区的处理设备纳入多机物联网络，通过大数据共享实现对油茶果收获量、处理量的快速统计，对后期茶油产量进行预估，分析年度油茶产量与市场的关系，进而对茶油市场供应进行有效配置与调节。

作者简介

汤晶宇，男，1980年生，研究员，硕士生导师。现任哈尔滨林机所营林机械化研究室主任，兼任中国林业机械协会营林机械分会副秘书长、《中国林业百科全书·林业装备卷》编委、中国林学会林业机械分会理事。参加工作以来一直在林业机械技术装备研发一线工作，研究方向为营林机械技术装备和油茶机械装备。带领科研团队主持和参与承担的科研课题 20 余项。主持科研项目 7 项，其中，国家级科研项目 3 项，省部级省院合作项目 1 项；主持基金项目 3 项。主持和参加制定并发布国家行业标准 3 项。发表科技论文 40 余篇。获得国家授权专利 20 余项。

林火碳循环研究进展

孙 龙

（东北林业大学林学院院长、教授）

引 言

　　林火是森林生态系统重要的组成部分，其与气候、植被、生物地球化学循环及人类活动密切相关。受人类活动和气候变化的双重影响，林火对大气中的 CO_2 起着重要的源或汇的作用，从而作为大气 CO_2 的源和汇。作为生态系统重要的干扰因子，火干扰亦驱动着森林生态系统碳减排增汇效应。森林火灾排放约 $4\,Pg\cdot a^{-1}$ 的碳到大气中，这相当于每年化石燃料燃烧排放量的 70%，在生态系统碳循环和碳平衡中具有重要地位与作用。森林生态系统中的所有火干扰均会影响碳库和全球碳循环。随着气候变化的加剧，暖干化加强，高温干旱季节的持续时间将延长、严重程度将加剧，因而对火干扰的发生频率和严重性产生重要影响，并对森林生态系统碳循环产生影响，同时进一步影响全球碳循环与碳平衡。

　　北方森林生态系统是地球上第二大陆地生物群区，约占陆地森林面积的 30%，提供了从局部地区到全球的生态系统服务功能。当前，北方森林受到外在诸如林火以及气候变化的影响，系统自我调控以保持自身的相对稳定性。然而，气候变化引

---

* 第十四届中国林业青年学术年会 S12 森林防火分会场上的特邀报告。

起的高温、干旱等极端气候事件以及林火干扰等频发。有研究表明,野火每年烧毁140万~150万hm^2北方森林。我国北方森林面积占全国森林面积的30%,是受气候变化和干扰最显著的林区之一。因此,林火干扰对我国北方森林生态系统碳循环的重要影响和对气候变化下定量评价碳减排和持续增汇具有重要作用。

一、研究区域概况

黑龙江省大兴安岭地区位于我国最北部边陲,地理坐标为东经121°12′~127°00′,北纬50°10′~53°34′,面积为$8.35×10^6 hm^2$。该区属寒温带季风气候,年平均气温为-2~4℃,冬季长达9个月,夏季不超过1个月。全年降水量为350~500 mm,且集中于暖季的7—8月,达全年降水量的85%~90%。土壤主要为棕色针叶林土、暗棕壤、灰色森林土、草甸土、沼泽土等。全区地势比较平缓,海拔300~1 400 m。该区属于寒温带针叶林区,森林类型以兴安落叶松(*Larix gmelinii*)为优势建群种,是该区典型的植被类型。林型主要以兴安落叶松林、白桦(*Betula platyphylla*)林、樟子松(*Pinus sylvestris* var. *mongolica*)林为主,还有蒙古栎(*Quercus mongolica*)林、偃松(*Pinus pumila*)林等。我们研究的区域主要集中在塔河、漠河和南瓮河。

二、林火与碳排放

1987—2006年,黑龙江省大兴安岭北方林年均森林火灾次数约为35次。期间最为严重的是震惊中外的1987年"5·6"大火。以1987年为界,大兴安岭北方林森林火灾次数和面积总体上呈下降趋势。2003年,大兴安岭北方林发生重大森林火灾，过火面积达 76 万 hm²，其中烧毁森林面积 25 万 hm²。1987—2006 年，总过火次数最多的月份是 5 月，占总林火发生次数的 27.1%、过火面积的 69.1% 和过火森林面积的 86.8%。6 月发生的林火分别占过火面积和过火森林面积的 2.2% 和 2.8%。3 月发生林火次数占总次数的 1.2%，分别占过火面积和过火森林面积的 11.3% 和 0.1%。1965—2010 年，大兴安岭林区总过火林地面积为 352 万 hm²。其中过火面积最大的杜鹃-兴安落叶松林，面积为 93 万 hm²，占总过火面积的 26.32%；其次为针阔混交林，其过火面积接近 75 万 hm²，占总过火面积的 21.23%；再次是草类-兴安落叶松林，其过火面积为 43 万 hm²，占总过火面积的 12.30%。

单位面积可燃物载量地上部分主要包括乔木（干、枝、皮、叶）、灌木、草本、枯枝落叶、腐殖质、粗木质残体等。载量最大的为针阔混交林，达到 116.43 t·hm⁻²，其次为杜香-兴安落叶松林，为 115.32 t·hm⁻²，最小为蒙古栎林，只有 80.03 t·hm⁻²。国内外研究者认为在北方林地上、地表部分可燃物燃烧效率为 0.15～0.50。我们研究发现，从林型各组分来看，燃烧效率从大到小的排列顺序为草本层＞凋落物层＞腐殖质层＞粗木质残体层＞灌木层＞乔木层。从林型的林分水平来看，燃烧效率从大到小排列顺序为针叶林＞阔叶林＞针阔混交林。

1965—2010 年，大兴安岭北方林碳排放量为 3 122 万 t，年均排放量为 67.9 万 t。其中杜鹃-兴安落叶松林的碳排放量最多，排放量达 1 093 万 t，占总碳排放量的 35%。碳排量最小的为樟子松林，其碳排放量为 89 万 t，占总碳排放量的 2.86%。北方林中，针叶林单位面积森林火灾碳排放量最多，达 18.72 t·hm⁻²；其次是蒙古栎林，单位面积森林火灾碳排放量为 12.67 t·hm⁻²；再次是杜鹃-兴安落叶松林，单位面积森林火灾碳排放量为 11.79 t·hm⁻²；单位面积碳排放量最少的是针阔混交林，为 3.06 t·hm⁻²。根据室内控制实验的实际测定结果，我们的研究表明，比较干燥立地类型的林型（偃松-兴安落叶松林、草类-兴安落叶松林、蒙古栎林、针叶林）的 CO_2 排放因子较高；而相对湿润立地类型的林型（杜鹃-兴安落叶松林、针阔混交林）的CO_2排放因子较低。1965—2010年，大兴安岭北方林共排放CO_2 98 Tg，排放CO 10 Tg，排放CH_4 0.5 Tg，排放NMHC 0.2 Tg。大兴安岭北方林不同火烧强度的森林火灾中，各林型单位面积主要碳气体排放量差异较大。杜鹃-兴安落叶松林火干扰强度为轻度时，其CO_2排放量为7.76 t·hm^{-2}；而火干扰强度为重度时，其CO_2排放量为45.96 t·hm^{-2}；重度火干扰时，排放量是轻度的5.92倍。

三、林火与碳平衡

林火不仅可以影响土壤碳库储量，还可以通过影响土壤呼吸速率来改变土壤碳库周转时间。火干扰向土壤中施加了热量、灰烬，改变了土壤环境和微气候，土壤性质亦因植被和生物活性的改变而发生相应的变化，进而对土壤有机碳含量、组分、分布及转化有很大影响。土壤呼吸主要由异氧呼吸和自养呼吸组成，异氧呼吸主要是土壤微生物、菌根呼吸作用释放的CO_2，自养呼吸主要是植物根系呼吸作用释放的CO_2。火干扰最直接的影响就是改变土壤的水分状况，影响土壤呼吸速率。微生物对火干扰非常敏感，森林火灾作为森林生态系统中一种重要的外界干扰因素，由于燃烧导致的林内温度剧烈升高将对土壤微生物生物量造成不同程度的影响，影响土壤异氧呼吸。

林火干扰后，生长季与非生长季土壤呼吸速率并不相同。火干扰显著降低了土壤总呼吸速率，影响程度随着火干扰强度的增加而增加21.62%～24.86%。火干扰使R_h的温度敏感性降低16.57%～33.99%。针对大兴安岭地区适时开展低强度计划用火，不仅通过降低可燃物载量从而降低火险等级，同时也可以减小地被物层和土壤碳排放，有效增强土壤碳汇能力。

目前，国内外有关土壤呼吸的研究主要集中在林木生长季节，加强研究火干扰条件下非生长季土壤呼吸的定量描述及影响机制，对于科学评价和预测林火对土壤呼吸的影响具有重要作用。

火后非生长季平均土壤呼吸速率为 0.29 CO_2 μ molC·m^{-2}·s^{-1}。非生长季土壤呼吸占年均土壤呼吸的 3.99%。林火导致非生长季土壤呼吸显著降低，为 55.37%。林火还降低了北方林 Q_{10} 74% ~ 91%。

积雪是影响非生长季土壤呼吸速率的重要因子，雪覆盖能有效地提高土壤温度，进而直接提升土壤呼吸速率，不同强度的火烧样地在积雪条件下比遮雪处理条件下土壤呼吸速率平均高 0.03 μ molC·m^{-2}·s^{-1}。

北方森林生态系统作为严重的火灾高发、频发区域，给研究全球碳平衡的变化带来了许多不确定因素。主要来自高纬度地区土壤性质差异的不确定因素，以及火作为一种烈性因子所导致的火后环境条件变化的不确定性。森林中的野火随风向、地形、可燃物底物供应状况所导致的火行为的异质性等，都会造成火干扰后森林内的主要环境因子的分布状况发生显著的变化，从而对土壤呼吸的变化产生不可估量的影响，并且这种影响在火后将持续很长一段时间。因此，建立基于火干扰条件的土壤呼吸短期模型和量化火干扰后土壤呼吸空间异质性的变化，对未来准确估计北方森林火干扰后土壤碳的释放量具有重要意义。

计划火烧增加了土壤呼吸的空间异质性。火干扰后的土壤呼吸与火干扰前相比具有更加明显的斑块分布特点，说明火干扰后土壤呼吸的空间变异更为复杂。火干扰前土壤呼吸与土壤微生物生物量碳、土壤微生物生物量氮和土壤含水量相关，但是火干扰后这些因子与土壤呼吸无显著相关性。火干扰后土壤微生物生物量碳、微生物生物量氮和土壤含水量同样具有明显的斑块分布特点。正如许多其他研究土壤呼吸对野火的反应所记录的那样，燃烧的斑块的呼吸作用少于未燃烧的斑块，因此它们排放的碳较少。

土壤微生物是陆地生态系统中生命支持体系最重要的生命组成部分,是生物地球化学循环最核心的环节,是地下物质循环中碳的重要源和汇。火干扰对养分的输入输出、植物组成、生产力、土壤微生物都有很大的影响。尽管在森林氧循环过程中土壤微生物群落具有极其重要的地位,但是基于森林可燃物载量、含水率、火干扰时环境因子的差异,火后不同采样时间以及不同火干扰强度导致火干扰的极度不均匀性,因此关于土壤微生物对火干扰的反应并没有较多一致性结论。我们发现,火后土壤微生物生物量恢复较快;无论火烧与否,土壤微生物生物量碳氮与土壤总碳、总氮均呈现显著正相关性。土壤微生物量碳氮在春季土壤初解冻时均为最大值,火后土壤微生物量在生长季波动幅度减小。

火干扰是森林生态系统重要的干扰因子,它影响整个森林生态系统的发展和演替。火干扰后森林生态系统的恢复与重建,是火生态及恢复生态学的重要内容。我国对火后火干扰迹地植被恢复关注较晚,开始全面研究还是1987年大兴安岭"5·6"特大森林火灾之后。关于森林大火对森林生态的影响的研究,尤其是对火干扰迹地的损失评估、树种更新等进行深入研究,可为森林防火管理部门做出科学决策和用火提供科学依据,无疑具有深远的现实意义。

重度火烧迹地人工恢复模式固碳速率及碳汇水平高于自然恢复模式。火烧迹地土壤碳库恢复缓慢,轻度火烧区自然恢复模式下土壤碳截获能力与林下灌草植被以及地被物层的恢复显著相关。火后水土流失及侵蚀是表层碳储量损失的主要原因。重度火烧迹地人工恢复模式(火后人工造林)土壤碳汇水平(20年平均为 $88.54\ t \cdot hm^{-2}$)高于自然恢复模式(火后自然演替,平均值为 $26.52\ t \cdot hm^{-2}$)。火烧迹地土壤碳库恢复缓慢,中度火烧区自然恢复模式下土壤碳截获能力与林下植被恢复显著相关(林下植被物种多样和丰富度水平变化趋势和土壤碳变化趋势基本一致)。火烧后不同年限土壤碳含量和碳储量的变化与林分下层物种多样性变化具有显著相关性。随着林分下层群落多样性逐渐稳定以及林下凋落物层的增加，土壤碳储量开始变得稳定并持续增加（火后 17 年开始）。

四、拟开展的研究与展望

当前气候变暖愈演愈烈，尤其是在中高纬度森林生态系统中表现尤其明显。我国最大面积的国有林场已经开始全面停止采伐。以往几十年的大规模采伐已经对区域生态系统造成了严重影响。大兴安岭地区 70% 的森林处于中幼龄林期，可燃物在防火期十分干燥。目前森林生态系统正处于恢复时期，可燃物载量在一定期间内将呈现显著增加趋势，这样势必增加未来森林生态系统的火险等级，而且为将来着大火创造可能。

系统研究森林草原火灾尤其高强度火灾对植被（死亡率、更新、群落演替等）、地被死可燃物（载量、分布及凋落物动态）、土壤（水土流失、结构、土壤呼吸、微生物及养分循环）、大气（烟气排放成分及量估测模型）、水文（水量平衡及水质）、生物量与生产力的影响，有针对性地提出不同强度火干扰后生态系统恢复技术措施。

作者简介

孙龙，男，1976 年生，教授、博士生导师，主要研究方向为林火生态与管理。现任东北林业大学林学院院长，北方林火管理国家林业和草原局重点实验室主任；兼任森林草原火灾防控技术国家创新联盟理事长，中国消防协会森林消防专业委员会第七届委员会副主任委员，中国林学会森林防火专业委员会第七届委员会副主任委员，中国林学会青年工作委员会副主任委员，黑龙江省生态学会副理事长，黑龙江省森林防火专业标准化技术委员会副主任委员，森林与草原消防装备分技术委员会副主任委员，应急管理部北方航空护林总站专家组成员兼秘书长。

新时代林草科技创新的几点思考

王军辉

(中国林业科学研究院科技处处长、研究员)

一、战略新机遇

(一)我国科技发展正在发生历史性重大变化

习近平总书记在 2018 年两院院士大会上指出:"现在,我们迎来了世界新一轮科技革命和产业变革同我国转变发展方式的历史性交汇期,既面临着千载难逢的历史机遇,又面临着差距拉大的严峻挑战。我们必须清醒认识到,有的历史性交汇期可能产生同频共振,有的历史性交汇期也可能擦肩而过。"习近平总书记提出要"抓战略,抓规划,抓政策,抓服务",围绕加强、优化、转变政府科技管理和服务职能,对创新过程管理进行系统设计,进一步加强宏观管理和统筹协调。国家科技创新管理顶层设计,是统筹落实科教兴国战略、人才强国战略、创新驱动发展战略的重大举措。只有加强科技工作长板,弥补短板,国家科技管理体系才会更加合理。

改革开放 40 年以来,从"科学的春天""科教兴国"到"创新驱动发展战略",从"科学技术是第一生产力"到"创新是引领发展的第一动力",从"科技与经济结

---

* "双一流"建设林业青年学术研讨会上的特邀报告。

合"到"全面支撑引领新发展理念",科技创新在国家全局中的位置极大提升,影响范围和作用领域极大拓展。

(二)新形势下的新问题

创新是建设现代化林业和草原的战略支撑,科技如何发展?我国林业已由高速增长阶段转向高质量发展阶段,科技如何支撑?实施乡村振兴战略,科技如何发挥作用?如何发动林业和草原科技创新的"新引擎",支撑林业和草原高质量发展?

(1)思考三个问题:我们科技的现实最大需求是什么?我们和国际相比最大的短板在哪里?我们通过什么方式能解决最大的现实问题?

(2)立足三个面向:面向世界林业科技前沿,面向国家重大需求,面向现代林业和草原建设主战场。

(3)考虑六大着眼点:需求、短板、科学问题、关键共性技术、战略性新产品、任务布局。

总体要突破制约林业和草原发展的重大科技问题,强化关键核心技术创新能力建设。

二、存在的主要问题及对策

(一)核心关键技术短板依然存在

与发达国家相比,我国林草科技总体处于"跟进并行,局部领跑"的阶段。林业科技进步贡献率远低于林业发达国家80%的水平。林木良种数量和质量难以满足多样化需求,生态综合治理与协同保护技术体系缺乏,林业资源综合利用率不高,林产品生产能耗物耗高,核心关键技术依旧缺乏。

（二）科技投入不足

林草科技中央财政投入较低，林业科研周期长，需要长期积累，现有科研项目周期一般为3～5年，极易造成研究中断。现代农业产业技术体系、科技创新工程等科技专项，对于提升科技创新水平发挥了重要作用，而林草行业则缺少专项支持。

（三）种业自主创新

落实习近平总书记关于粮食安全和种业发展的重要指示批示精神。种业自主创新要针对国家粮食安全、供给侧改革、人民对美好生活追求等需求导向，要针对种业原创不足、重大品种缺乏、创新体系不完备等问题导向，要针对构建以企业为主体的现代种业创新体系、提升种业核心竞争力、建设种业科技强国等结果导向。最新形势的变化表现在以下几个方面：一是未来生物组学等前沿学科、基因编辑等颠覆性技术快速发展等种业科技创新高新化趋势明显；二是大型跨国企业的市场垄断日益增强、联合并购重组不断深化（拜耳＋孟山都、陶氏＋杜邦、中国化工＋先正达）等全球种业重组加剧；三是我国小麦、玉米种业外资控股最高可至66%，蔬菜等经济作物外资可全资设立公司，种业扩大开放形势紧迫；四是大豆、肉类等中美主要农产品的贸易竞争与摩擦对我国种业自主创新力和竞争力提出迫切要求。

（四）森林质量精准提升科技创新专项

重点针对我国不同区域典型森林类型，通过研究森林质量形成和精准提升机制，研发森林经营共性技术和典型区域关键技术，开展重点区域技术集成与示范，形成中国特色的森林经营理论与技术体系。我国森林生产力与国外相比存在巨大差距。我国乔木林平均每公顷蓄积量只有 89.79 m^3，不到德国等林业发达国家的 1/3，约是世界平均水平的 84%。每公顷森林年均生长量为 4.23 m^3，只有林业发达国家的 1/2 左右。我国森林生物量占陆地植被生态系统总生物量的 69.5%，而全球为 94.0%，每公顷森林生物量仅为世界平均水平的 70%。我国森林生态服务功能十分脆弱。我国乔木林中生态功能中低等级面积比例高达 87%，纯林高达 61%，中幼龄林面积比例高达 65%。我国森林年生态服务价值 12.68 万亿元，但每公顷森林年生态服务价值只有 6.1 万元，仅相当于日本的 40%。森林生态系统平均固碳能力为 91.75 $t \cdot hm^{-2}$，远低于全球同纬度地区 157.81 $t \cdot hm^{-2}$ 的平均水平。野生高等植物濒危比例达 15%～20%，约 44% 的野生动物数量呈下降趋势。

三、几点思考

（一）落实国家科技体制改革精神，激发科技创新活力

近年来，国家发布了一系列激发科技创新活力的文件，如《国务院关于优化科研管理提升科研绩效若干措施的通知》，提出关于深化项目评审、人才评价、机构评估改革的意见，关于进一步加强科研诚信建设的若干意见，关于分类推进人才评价机制改革的指导意见。科技部实施了一系列的减负专项行动，发布了《进一步深化管理改革 激发创新活力 确保完成国家科技重大专项既定目标的十项措施》。国家正逐步建立以质量、绩效和贡献为导向的科技评价体系。

（二）顶层谋划，对标国家重大需求

从领域—方向—问题 3 个层次，加强顶层谋划，例如：青年科技创新人才培养、重点领域重大科学问题凝练、草原和自然保护地等补短板、青年协同创新。以全球视野、全局思维系统谋划科技创新的思路目标，总结提出重大任务和战略举措。

（三）科技创新顶层设计创新项目

国家林业和草原局新增职能如何支撑？包括四个生态系统和一个多样性，即 2018 年机构改革后，增加了草原生态系统，变成了森林、湿地、荒漠、草原四个生态系统和一个多样性。具体措施有："森林高质量发展""草业和草原绿色发展"京津冀生态率先突破，做到"一带一路"生态互联互惠，建立长江经济带生态保护协同创新中心，加强"山水林田湖草"战略研究，等等。努力做到补短板、建优势、强能力。

作者简介

王军辉，男，1972 年生，中国林业科学研究院科技管理处处长、研究员、博士生导师。兼任中国林学会林木遗传育种分会副主任委员、珍贵树种分会副主任委员、青年工作委员会副主任委员兼秘书长。入选"国家百千万人才工程"，并被授予"有突出贡献中青年专家"的荣誉称号。主要开展珍贵树种楸树和云杉种质资源创制、新品种选育、功能基因组学及重要性状遗传解析等研究。获国家科技进步二等奖 2 项，湖北省科技进步一等奖、二等奖 3 项，梁希林业科技进步一等奖 1 项，中国林业青年科技奖，等等。制定行业标准 4 项。获国审认定良种 10 个、林木新品种权 7 项，省审认定良种 28 个。获授权发明、实用新型专利 12 项。以第一作者或通讯作者发表论文 97 篇，其中 SCI 收录 35 篇。出版著作 4 部。

香料用樟树及其优良无性系选育

金志农

（南昌工程学院院长、研究员）

一、樟树与樟树化学型

（一）樟　树

樟科（Lauraceae）樟属（*Cinnamomum* Trew）樟组［*Camphora* (Trew) Meissn］植物全球约250种，产于热带和亚热带的亚洲东部、澳大利亚及太平洋岛屿；我国约有46种和1变型，主产地在南方各省（自治区、直辖市），向北可达陕西及甘肃南部。为叙述方便，在此把广泛分布于长江流域及其以南地区常用于香料的樟属植物统称为"樟树"，主要包括：香樟（*C. camphora*）、油樟（*C. longepaniculatum*）、黄樟（*C. parthenoxylon*）、猴樟（*C. bodinieri*）、沉水樟（*C. micranthum*）、云南樟（*C. glanduliferum*）、细毛樟（*C. tenuipile*）和银木（*C. septentrionale*）。

1. 樟树的区别

以上8种樟树通过简单的表型特征就可以比较容易地鉴别，为便于野外调查时容易识别，编制如下简易检索表，其中5种樟树的叶片如图1所示。

＊第五届中国珍贵树种学术研讨会上的特邀报告。

1. 离基三出脉 …………………………………………………… 香樟（*C. camphora*）
1. 羽状脉
　2. 叶片背面光滑无毛
　　3. 叶片背面灰绿色，晦暗，偶有离基三出脉…… 油樟（*C. longepaniculatum*）
　　3. 叶片背面为深绿色，光亮，无离基三出脉
　　　4. 树皮暗黑色，深纵裂，木栓质，易剥落………… 黄樟（*C. parthenoxylon*）
　　　4. 树皮灰白色，网状或纵向浅裂，坚硬不易剥落
　　　　………………………………………………… 沉水樟（*C. micranthum*）
　2. 叶片背面被毛或白粉
　　5. 叶片背面苍白状
　　　6. 叶片背面通常粉绿色，幼时仅下面被微柔毛，老时两面无毛或上面无毛下面多少被微柔毛，羽状脉或偶有近离基三出脉
　　　　………………………………………………… 云南樟（*C. glanduliferum*）
　　　6. 叶片背面无毛………………………………………… 猴樟（*C. bodinieri*）
　　5. 叶片背面明显被毛
　　　7. 叶片背面叶脉被白色绒毛，纸质，近聚生于枝梢…… 细毛樟（*C. tenuipile*）
　　　7. 叶片背面整体密被绒毛或绢毛，近革质，不聚生于枝梢
　　　　………………………………………………… 银木（*C. septentrionale*）

（a）香樟　　（b）油樟　　（c）黄樟　　（d）猴樟　　（e）细毛樟

图1　5种常见樟树的叶片比较图

2. 香樟的分布

香樟是我国分布范围最广、古树保存数量最多、应用历史最长的樟树，现在主要分布在4个区域，即东亚地区［中国长江以南各省（自治区、直辖市）和台湾地区，日本中南部地区］、东南半岛北部地区（越南、缅甸、老挝等）、澳大利亚东海岸及西南海岸地区、美国东南部及西海岸地区。东亚片区和东南半岛片区为香樟的原产地，澳大利亚片区和美国片区为香樟的引种区，其他如巴西、马达加斯加以及地中海地区也有零星的人工栽培区域。东亚片区又以我国长江以南各省（自治区、直辖市）和台湾地区为香樟集中分布区。

根据现存古樟树数量以及香樟分布密度，以江西、福建、浙江、湖南、广西等5省（自治区）的香樟分布最为集中，其中江西尤为集中，由此可见，江西是香樟的现代分布中心。

（二）樟树化学型

根据樟树叶片精油中主要化学成分的不同，可以把樟树划分为不同的化学型，例如芳樟醇、龙脑和樟脑等。根据现有研究已经发现，同一种樟树可以具有不同化学型，如香樟具有樟脑型、龙脑型、1,8-桉叶油素型、左旋芳樟醇型、柠檬醛型、异橙花叔醇型、黄樟油素型等化学型；细毛樟是具有化学型最多的樟树树种，具有14种化学型；研究还发现，不同的樟树树种可能具有相同的化学型，如香樟、猴樟、黄樟和细毛樟均具有柠檬醛化学型，香樟和黄樟均具有龙脑化学型。由于樟树具有种内分化多种化学型的特性，因此，樟树不仅局限于用材、景观等领域，也是加工香料、药用和化工原料的重要树种。业已报道的樟树不同树种及其化学型主成分含量和出油率情况如表1所示。

表 1 不同樟树树种及其化学型主成分含量和出油率情况

化学型	香樟	黄樟	油樟	细毛樟	沉水樟	猴樟	银木	云南樟
l-芳樟醇	90.57/0.8	81.41/3.10	89.63/1.25	97.51/2.08				
d-芳樟醇		94.29/1.40						
香叶醇				98/2.04				
金合欢醇				80/1.20				
异橙花叔醇	57.67/0.40							
橙花叔醇		54.78/0.40				68.35/0.40		
桉醇			40.98/1.20					
柠檬醛	69.86/2.00	72.13/0.80		75/1.50		95.01/		54.2/0.50
1,8-桉叶素	36.79/1.75	62.24/3.30	52.21/0.70	57/1.50				45.84/0.75
黄樟素		75/0.71			97.66	68/		90/0.10
榄香素				88/1.13		74.05/		
樟脑	83.87/1.00	86.66/1.00	90.52/2.28	85.73/1.0			40.54/0.50	
龙脑	81.78/0.80		77.57/0.45	45/1.43				
甲基丁香酚		71.48/	82.66/1.58	89/1.74				
t-甲基异丁香酚							85.71/1.10	
γ-榄香烯			56.41/1.10					
∝-水芹烯			40/1.10			65.66%		65.66/0.75

（三）樟树特性

1. 花小但为雌雄同花；花期较长，但单花花期很短

据观察，香樟单花花期仅为 4 天。

2. 同一化学型精油含量个体差异性明显，但化学型相对稳定

我们依据闻香法于广西、江西、湖北、广东等地进行了大范围资源调查，获得 45 株天然柠檬樟，将获得的天然柠檬樟提取鲜叶精油，并通过 GS-MS 进行精油成分分析，得出鲜叶出油率为 0.12%～1.58%；柠檬醛含量为 27.03%～77.13%。

3. 同一家系子代化学型遗传变异明显

我们选取了一株等级为一级以上的柠檬樟，繁殖有性后代及无性（扦插）后代，分别在两种后代中随机各取10株提取鲜叶精油。实验证明，与母株相比，实生后代叶精油主要化学成分发生变化，后代化学型主要分化为柠檬醛型、脑樟型、杂樟型等；而无性（扦插）后代叶精油仍保持柠檬醛为主要化学成分不变。

4. 无性繁殖后代化学型稳定，但含量受环境影响

无论是通过扦插繁殖，还是通过组织培养，后代的化学型基本不变，但在不同的区域或立地条件下种植，其出油率和生物量随环境条件的变化而有一定程度的变化。例如：左旋芳樟，在江西的出油率和生物量都不如在广西高，具体内部机制尚不清楚，有待进一步研究。

二、香料樟树种植业突出问题

（一）樟树珍贵化学型种质资源亟待保护

由于经济利益驱使，在二十世纪五六十年代，浙江、江西、湖南、福建、广西、台湾等地大量樟树陆续遭到砍伐，运用挖树刨根的方法采伐樟树并提取精油，这种"杀鸡取卵、竭泽而渔"式的破坏性采伐导致樟树资源受到严重破坏。到目前为止，天然樟树的分布已趋于破碎化、零星化和孤立化，成片分布的成熟樟树林极为罕见，高精油含量和珍贵化学型樟树资源濒临灭绝，樟树遗传基础越来越窄。据考察发现，在现存的香樟天然林或人工林中，出油率大于1.5%且左旋芳樟醇含量超过90%的左旋芳樟醇型香樟出现的概率仅有0.075%，属于柠檬醛型香樟的概率仅为0.02%。所以说，虽然现在香樟的总量不少，但属于珍贵化学型的香樟已经濒临灭绝。

（二）香料樟树种植业急需优良新品系

目前，我国香料用樟树的优良品种数量极其有限，严重制约着我国香料用樟树产业的发展。2019年在金溪县抽样调查了613株右旋芳樟醇型黄樟，结果表明最高出油率（按绝干重计算出油率，下同）为9.34%，最低出油率仅为0.19%，二者相差接近50倍！我们还抽样调查了329株左旋芳樟醇型香樟的出油率情况，结果表明，最高出油率为6.26%，最低出油率仅为0.53%，二者相差近11倍。关键问题还在于至今当地还没有一个自己培育出来且经过实验认定的当家优良品种提供给农民种植，农民只能随机取材，好坏不分，甚至左旋右旋都分不清，由此也给一些不良苗木经营者提供了敛财的机会，长此以往必定伤农，所以急需向当地香料樟树种植户提供经过实验验证并通过法定程序审定的优良品种。

（三）香料樟树苗木产能与市场需求严重脱节

香料樟树实行矮林作业，即一年一伐、萌芽更新、短轮伐期的作业模式，种植密度大，造林对苗木的需求量大，以 1.0 m × 1.5 m 株行距计算，每亩种植445棵，种植1万亩矮林就需要445万株苗木。由于香料樟树化学型种内变异十分明显，利用种子繁殖产生的实生苗化学型变异太大，在生产中主要通过无性繁殖（特别是扦插繁殖）的途径培育苗木，从而对采穗圃提出了更高要求。然而，产业发展的现实情况是：产业的快速发展需要大量高品质采穗圃提供穗条，但是几乎所有主产区尚无标准化、规模化的香料樟树化学型优良品种采穗圃，更遑论大规模供应优质苗木。由于单位面积造林苗木需求量大，苗木的生产成本就成为大规模推广香料樟树种植的一个限制性因素，为此必须在低成本、规模化无性繁殖关键技术方面取得突破。

(四)单一化学型开发利用造成过度依赖国际市场需求

近年来,樟树作为经济树种在江西、广西、云南等省(自治区)发展迅速,各地通过大力开发利用天然植物精油,不仅为当地经济发展作出了贡献,也极大地增强了我国对香精、香料市场价格导向的主动权。天然精油的市场需求具有波动性,据林农反馈,2019 年天然左旋芳樟醇的市场价格走低,对林农经济收入造成了一定影响。随着市场需求变化,目前市场上对于柠檬醛、黄樟素、桉叶油素、金合欢醇、香叶醇、甲基丁香酚等多种稀有化学型樟树精油需求呈现上升趋势,如 2017 年我国国内市场柠檬醛销售规模达 0.82 万 t,但仍然满足不了市场需求,当年市场需求量达 3.09 万 t,市场满足率仅有 26.54%。预计 2025 年全球柠檬醛行业市场将达到 1 000 亿元规模。为进一步减少市场需求制约,降低市场价格波动带来的不可控经济损失,开发多树种、多化学型樟树天然精油亟待提上日程。

(五)开发樟树精油产品并提高附加值迫在眉睫

樟树的非木质资源利用包括香料、药用、油用等多个领域,具有重大市场开发潜力,但在樟树香料利用与产业化发展方面,还存在着一些关键技术和共性技术问题尚未解决:一是樟树加工技术水平方面,存在着关键技术水平不高等问题,如精油的提取还处于粗放的方式、原料贮存与预处理过于简单、缺乏不同的预处理时间和方式对精油得率及主成分含量影响研究的技术支持;二是精深加工方面,我国林业产业普遍存在精深加工能力不足、技术水平不高的问题。目前,我国市场上主流品牌产品主要是柠檬醛、芳樟醇、龙脑、樟脑、桉叶油素、丁香酚、松油醇等,但也只是为世界发达国家高端市场提供加工的原材料,离最终形成高附加值香料、药用产品仍有较大距离。因此急需开展低能耗、高得率、无污染的樟树精油提取分离、精深加工的关键技术研究与装备开发,为产业发展提供技术支撑并奠定基础；急需研发出樟树精油的高附加值产品，从而提升产业的经济效益和规模效益。

三、樟树种质资源收集

（一）全国香樟种源分布

历时 5 年，项目组行程数万千米，现已获得 15 省（自治区、直辖市）的 165 个种源共计 551 株母树种子及其叶片出油率和形态学指标数据。

（二）江西香樟种源分布

通过 5 年的积累，项目组对江西所有县（市）的樟树种质资源进行了样本采集，并对种子和叶片形态特征参数进行了测定，特别是对所有母树的出油率进行了测定，利用 GC-MS 对高出油率的单株进行了主成分分析，获得了母树化学型分析资料，为后期选择优良化学型无性系打下了坚实基础。

四、香料用樟树优良无性系选育

（一）选种策略

樟树的一个很明显的特点就是分布的不连续性。在自然状态下，芳樟连续分布的情况极其少见，鉴于这种情况，香料樟树的选种不能采取林分选择的方式，而只能采取个体选择的方式。

樟树的另一个明显的特点就是子代化学型分化明显。据有关学者研究，芳樟子代实生苗仍然是芳樟的概率不超过 60%；本项目组利用芳樟的子代做过实验，

21棵后代实生苗中只有2棵仍然为芳樟,化学型稳定不变的实生苗只占9.52%,90%以上化学型发生了变异。我们对柠檬醛樟树的子代也做过实验,结果表明子代仍然为柠檬醛化学型樟树的比例不超过10%,90%以上都发生了化学型变异。有鉴于此,樟树的选择育种不宜采取种子繁殖的方式,而应采取无性繁殖的方式,且主要采取扦插繁殖的方式,在确定为优良无性系之后,也可采取组培方式大量扩繁。樟树选种策略见图2。

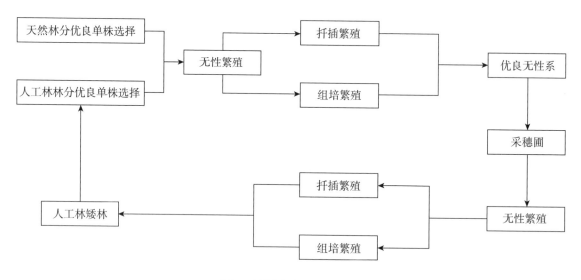

图2 樟树选种策略示意图

(二)优树鉴定路径

优树鉴定主要分初选测定和验证测定两个步骤进行。初选测定通过闻香法在野外初步确定化学型,然后采集枝叶,通过水蒸气蒸馏法或超临界CO_2萃取法测定出油率,如果达到出油率指标要求,则留取精油并送样,经GC-MS法检测主成分含量,若通过主成分含量检测则将该树列为预选优树;预选优树经8—10月重新采样后进行验证测定,若通过则将其列为优树,进入下一步无性系选优,具体流程如图3。

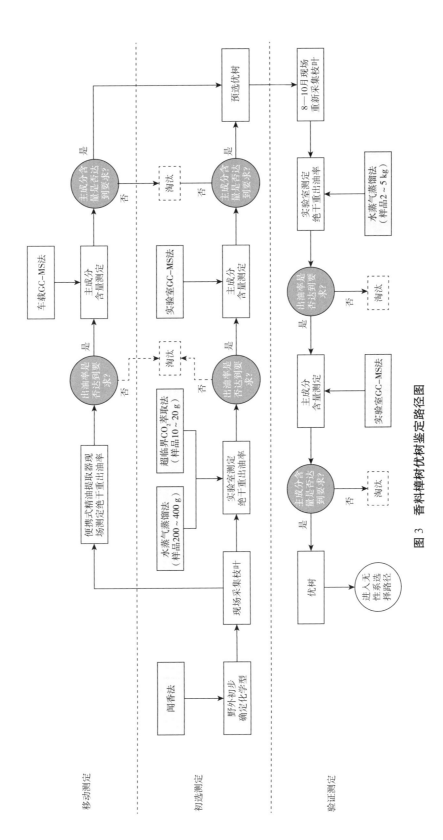

图 3 香料樟树优树鉴定路径图

（三）优良无性系选择路径

确定优树后，5月运用采穗扦插育苗或播种育苗并进行试种，经过出油率和主成分测定，通过后即列为无性系，在3个以上地区进行区域试验，通过后确定为优良无性系，优良无性系选择路径如图4所示。

（四）优树选择与出油率全国分布规律

通过对551株香樟母树出油率的分析，我们发现：出油率总体平均值为0.92%，最大值为3.08%（鲜叶），出现在江西省都昌县；总体变异系数为69.57%，变异系数比较高，说明不同种源的樟树出油率变异比较明显。香樟母树的出油率呈现东部高、西部低，分布区中部高、边缘地区低的趋势。

2013—2017年，历时5年，项目组在我国樟树主要分布区考察樟树2万余棵。其中芳樟258棵，分布在江西、湖南、浙江、广西、贵州、湖北等省（自治区），其中又以江西、湖南两省为主。

（五）优树选择结果

优树选择过程中分4个步骤，因此每个步骤都存在一个入选率。入选率是指在选择群体中达到选择指标的入选株数与选择群体总株数之比。其中3个步骤的优树入选率见表2。

表2　优树分步骤入选率分析表

选择标准	株数/株	单环节入选率/%	总体入选率/%
闻香株数	20 000		
芳樟株数	258	1.29	1.29
出油率>1.5%的芳樟株数	55	21.32	0.28
芳樟醇>90%的芳樟株数	15	5.81	0.075

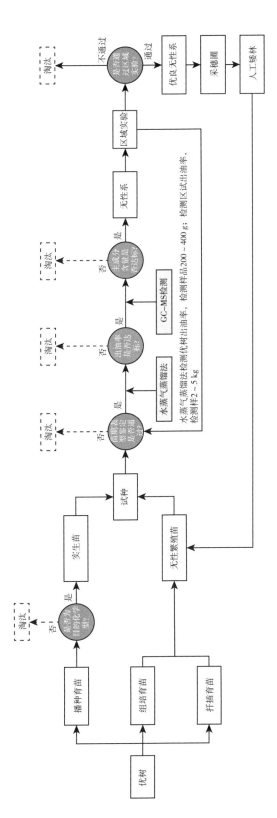

图 4 优良无性系选择路径图

由表 2 可知，在考察过的约 2 万棵樟树中，属于芳樟的有 258 棵，总体入选率为 1.29%，其中出油率大于 1.5% 的芳樟有 55 株，占芳樟总数的 21.32%，占总闻香樟树株数的 0.28%；芳樟醇大于 90% 且出油率大于 1.5% 的芳樟被确认为无性系原株（母树），有 15 株，占出油率大于 1.5% 芳樟的 27.27%，占芳樟总数的 5.81%，占闻香樟树总体入选率的 0.08%。

由于本次选择育种是定向育种，即选育"三高型"芳樟，所以确定选择群体为芳樟。根据表 2 可知，芳樟群体规模为 258 棵。出油率大于 1.5% 且芳樟醇主成分含量大于 90% 的芳樟共计 15 棵，且认定此 15 棵为无性系原株，因此无性系原株的入选率为 15/258≈5.81%。

选择差是指被选择原株的选择指标平均值与选择群体的选择指标平均值之差，计算结果如表 3。

表 3 选择差分析表

选择步骤	选择群体和被选群体	株数/株	鲜重出油率均值/%	标准差/%	变异系数/%	选择差/%	选择增益/%	选择强度/%
步骤 1	选择群体	258	1.05	0.615 0	58.51			
步骤 2	被选择出油率大于 1.5% 的优树	55	1.91	0.328 0	17.18	0.86	81.90	1.40
步骤 3	被选择出主成分含量超过 90% 的原株	15	2.21	0.404 5	18.27	总体 1.16 单节 0.30	总体 110.48 单节 15.71	总体 1.89 单节 0.91

由表 3 可知，选择群体的总体出油率平均值为 1.05%，步骤 2（即被选择出油率大于 1.5% 的优树）选择的优树平均出油率为 1.91%，因此步骤 2 占步骤 1 的选择差为 0.86%，选择强度为 1.40%；步骤 3（即选择主成分含量大于 90% 的原株）确定的原株出油率平均值为 2.21%，是选择群体平均值的 2 倍多（其中：最大值为 2.89%，最小值为 1.52%）；因此，步骤 3 的选择差为 1.16%，选择强度为 1.89%。

（六）化学型优株选择

经过多年的选育种工作，目前已获得优良无性系的树种和化学型组合如表4。

表4 已获得优良无性系的树种和化学型组合列表

树种	化学型							
	左旋芳樟醇型	右旋芳樟醇型	柠檬醛型	香叶醇型	樟脑型	桉油精型	黄樟素型	甲基丁香酚型
香樟	√		√		√			√
黄樟		√	√			√		
猴樟			√					
沉水樟							√	
细毛樟	√		√	√	√			
油樟						√		

五、优良无性系无性繁殖

（一）采穗圃

2018—2019年，分别在南昌市和金溪县建设左旋芳樟醇、右旋芳樟醇、柠檬醛、桉叶油素等化学型香料樟树采穗圃150余亩，其中南昌市50亩，金溪县100亩（图5）。造林第二年，每亩可采穗条3万枝，第三年可采穗条5万枝，第四年以后每年每亩可采穗条8万枝以上，预期至2022年穗条产能将可达1 000万枝/年以上。

图5 柠檬醛型和左旋芳樟醇型樟树优良无性系采穗圃

（二）水培法和土培法

通常樟树扦插以红壤土为扦插基质，扦插后约 2 m 生根。本中心采用水培法进行樟树扦插，可以促进插穗提前 2 天左右生根，生根率显著提高，促进了根数、根粗、根鲜重、根体积、新枝长度的生长，提高了移栽成活率，降低了扦插成本（图 6、图 7）。

（a）左旋（左图）和右旋（右图）芳樟水培苗　　（b）左旋（左图）和右旋（右图）芳樟土培苗

图 6　水培法和土培法扦插育苗效果图

（a）　　　　　　　　　　　　　　　（b）

图 7　樟树扦插圃（右旋芳樟醇型）

（三）枝条扦插和茎段扦插

常规樟树扦插选用约长 15 cm、直径 0.5 cm 左右的一年生半木质化枝条扦插。本中心采用一叶一芽茎段扦插，可以显著提高扦插繁殖系数和效率，同时节省了大量枝条、扦插圃面积和人工成本，降低了扦插苗成本（图8）。

(a) 芳樟枝插苗　　　(b) 芳樟茎插苗

图8　枝插法和茎段扦插法使用的穗条

（四）茎段组织培养和叶片组织培养

茎段组织培养能够保持母本优良性状，是生产上常用的方法。本中心以芳樟、黄樟、猴樟和细毛樟茎段为材料，筛选出各自茎段初代、茎段继代和生根最适培养基，为这几种樟树的规模化、工厂化育苗打下坚实基础。通过叶片组织培养再生植株是樟树苗木快繁的一种途径。本中心研究柠檬醛樟树叶片组织培养，筛选出愈伤组织诱导、增殖和分化最适培养基，最终形成完整植株，对于樟树的苗木快繁、遗传转化、基因工程等项目具有重要的意义（图9）。

(a) 利用叶片组织培养的柠檬醛苗　　　(b) 利用茎段组织培养的柠檬醛苗

图9　叶片组织培养和茎段组织培养比较图

作者简介

金志农,男,1963年生,江西浮梁人,汉族,中共党员,研究员,农学硕士和公共政策硕士。现任南昌工程学院党委副书记、院长。兼任江西省鄱阳湖流域农业生态工程技术研究中心主任,是国际生态学会会员、中国生态学学会理事、江西省生态学会理事长、江西省生态文明研究与促进会副会长、江西省自然科学基金评审委员会副主任、江西省自然保护区评审委员会副主任、南昌市科技进步奖和发明奖评审委员会副主任、江西省跨世纪百千万人才工程第一批次人选。

主要研究方向为人工林生态、生态经济学和鄱阳湖流域生态。主持或参与完成省级以上重大、重点科研项目8项。现在主持国家支撑计划课题"流域生物多样性保护及药用资源开发利用技术研究与示范";受聘担任江西省重大科技专项"鄱阳湖科学考察"的首席专家。公开发表学术论文20余篇;主译经济类学术著作5部,合计300余万字;主编或参编学术著作4部;主编、参编或编译计算机应用类教材18本。获江西省科技进步奖三等奖、林业部科技进步奖二等奖和江西省社会科学优秀成果奖二等奖各1项。

江西珍贵树种发展报告

周 诚[1] 刘新亮[2]

(1.江西省林业科学院副院长、研究员;
2.江西省林业科学院樟树研究所博士、助理研究员)

珍贵树种是指能够提供材质优良木材或具有特殊用途、资源稀少或市场紧缺、栽培价值与经济价值较高,并且具有一定文化内涵和收藏价值的一类树种。珍贵树种的木材又被称为珍贵用材,通常具有硬度大、密度高、材色深、纹理美观、经济价值高等特性。随着社会经济的发展,我国对木材的需求特别是珍贵用材的需求量逐年加大,但是由于长期以来我国对天然林中珍贵树种的过度采伐利用以及对珍贵树种培育工作的忽视,我国现有珍贵树种资源匮乏,后备资源严重不足。近年来,我国已成为木材进口和木制品制造大国,需求量年均4亿m^3,年均增长10%,珍贵木材基本上从东南亚、美国、南非(进口地参考中南林业科技大学李辉的论文,可能现在地点有所变化)等地进口。长期依赖进口使我国木材安全面临严峻挑战,不仅消耗国家大量外汇,而且对我国和平稳定的国际环境产生了不利影响。解决我国木材供需矛盾的唯一出路就是立足国内,通过大力发展珍贵优质用材,提高我国珍贵用材商品林产量和质量,这对保障我国木材安全具有重要意义。江西省位于长江中下游南岸,境内东、南、西三面环山,北临江湖,具有独特的地理优势,是多种

---

* 第五届中国珍贵树种学术研讨会上的特邀报告。

珍贵树种的自然分布区。本文主要从江西省珍贵树种资源特点出发，对珍贵树种产业的发展历程、发展现状和存在问题进行了分析，并讨论了珍贵树种发展的对策，以期为江西珍贵树种产业的发展提供参考。

一、地理环境及资源概况

（一）地理环境概况

江西省位于长江中下游南岸，地理位置在北纬 24°29′14″~30°04′41″，东经 113°34′36″~118°28′58″间。气候属中亚热带温暖湿润季风气候，冬寒夏暑，四季分明。江西最高海拔 2 157 m，年平均气温约 16.3 ~ 19.5 ℃，一般自北向南递增，无霜期长达 240 ~ 307 天，年降水量 1 341 ~ 1 943 mm，地域分布上是南多北少，东多西少，山地多，盆地少。地形以丘陵山地为主，盆地、谷地广布，是我国南方红壤分布面积较大的省（自治区）之一。江西作为一个地理位置较为独立的生态单元，东北部的怀玉山，东部沿赣闽省界延伸的武夷山脉，南部的大庾岭和九连山，西北与西部的幕阜山脉、九岭山和罗霄山脉等，成为江西与邻省的界山和分水岭。北部的鄱阳湖和长江，中部的丘陵低山和平原，使其整体呈现出一个开口朝北的"簸箕"状，从而形成了一个相对独立且完整的鄱阳湖水系。这种地理结构赋予了江西特殊的小气候，使江西省的地理分区在具有亚热带与温带的差异性的同时，又具有同一性。

（二）资源现状及分布特点

江西森林资源丰富，自然条件优越，植物区系不但种类繁多，成分也十分复杂，其优越的山岳环境也是亚洲东部的"温带－亚热带植物区系"的重要集散地和许多东亚植物的发源地。森林植被以常绿阔叶林为主，具典型的亚热带森林植物群落特征，森林植物表现出随纬度地带性由南向北逐渐过渡的规律。江西南部与广东交界，森林植物具有较多的南亚热带和热带植物区系成分，如观光木（*Tsoongiodendron odorum*）、罗汉松（*Podocarpus macrophyllus*）等；江西北部则含有暖温带植物区系成分，主要以落叶阔叶树种为主，如青冈（*Cyclobalanopsis glauca*）、甜槠（*Castanopsis eyrei*）、黄檀（*Dalbergia hupeana*）等，并逐渐向接近北亚热带的常绿阔叶与落叶阔叶林类型过渡。江西虽然缺乏具有典型特征的南方红木类（如降香 *Dalbergia odorifera*、紫檀 *Pterocarpus indicus*）和典型特征的北方硬木类（如水曲柳 *Fraxinus mandshurica*、黄檗 *Phellodendron amurense*），但分布的珍贵树种种类相对较多。

据统计，江西共有野生种子植物193科1082属4057种（含种下等级），分别占全国种子植物科、属、种的56.10%、33.98%、14.19%，其中裸子植物7科18属29种，被子植物186科1064属4028种。江西省植物区系中珍稀树种较多，属《中国植物红皮书》的树种有68种，属《中国主要栽培珍贵树种参考名录（2017年）》的树种有26种，属《中国国家重点保护野生植物名录（第一批）》的有55种，属《江西省级重点保护野生植物名录（2008年）》的有163种。壳斗科栎属（*Quercus*）、樟科樟属（*Cinnamomum*）、楠属（*Phoebe*）、山茶科木荷属（*Schima*）的珍贵树种主要分布在地带性植被为典型常绿阔叶林的海拔1000 m以下的平原、丘陵和低山地区。甜槠、红楠（*Machilus thunbergii*）、黄檀等树种主要分布在海拔1000 m以下的丘陵、低山地的针阔叶混交林中；南方红豆杉（*Taxus wallichiana* var. *mairei*）、水青冈（*Fagus longipetiolata*）、缺萼枫香树（*Liquidambar acalycina*）、亮叶桦（*Betula luminifera*）、甜槠等树种主要分布在赣东北、赣西和赣北海拔1000～1800 m的中山地段。地带性植被常绿、落叶阔叶混交林主要分布在赣西北的幕阜山、九岭山，赣北的庐山以及赣东北的怀玉山、武夷山等地，主要珍贵树种有甜槠、苦槠

(*Castanopsis sclerophylla*)、青冈、锥栗（*Castanea henryi*）、白栎（*Quercus fabri*）、檫木（*Sassafras tzumu*）等。

二、发展现状

（一）资源调查

自 20 世纪 20 年代初期开始，著名植物学家胡先骕、钟观光、林英等结合教学和科研活动对江西部分地区开展了植物资源（含珍贵树种）调查研究工作。1958 年，江西省科学院、庐山植物园、中国科学院等单位组成两个考察组，对赣南、赣东及赣东北进行植物资源考察，采集标本 20 余万份，首次在武夷山发现了连香树（*Cercidiphyllum japonicum*）、领春木（*Euptelea pleiospermum*）。1960 年，林英教授开始有计划地对江西省植物资源进行考察，收集了大量标本及资料，先后发现了南方铁杉（*Tsuga chinensis* var. *tchekiangensis*）、乐东拟单性木兰（*Parakmeria lotungensis*）、资源冷杉（*Abies beshanzuensis* var. *ziyuanensis*）的天然分布。1979 年起，《江西植物志》编委会组织开展了 3 次植物资源考察和采集工作，发现有美毛含笑（*Michelia caloptila*）、伞花木（*Eurycorymbus cavaleriei*）、蛛网萼（*Platycrater arguta*）、长叶榧树（*Torreya jackii*）等珍贵树种。1997—2001 年，江西省林业厅组织开展了首次"江西省全国重点保护野生植物资源调查"，形成了《江西省全国重点保护野生植物资源调查报告》。2003 年，江西省林业局组织开展了"江西省珍稀濒危植物调查"，确定珍稀濒危植物 95 种（含变种、亚种）。2013—2015 年，江西省林业局组织开展了"江西省第二次全国重点保护野生植物资源调查"，重点调查 35 个树种，其中多数为珍贵树种。

通过以上调查，江西省珍贵树种的分布情况被逐渐摸清。据统计，江西自然分布及栽培珍贵树种被列入《中国主要栽培珍贵树种参考名录（2017年）》的有27科84种（表1），占全国珍贵树种种类的42.64%。所属科主要集中在壳斗科（21种）、樟科（11种）、豆科（7种）和榆科（7种），占总种数的54.76%。此外，楝科、红豆杉科、木兰科和胡桃科等科也有少数树种适生分布。

表1 江西省适生珍贵树种所属科统计

科名	种数	占总种数百分比/%	科名	种数	占总种数百分比/%	科名	种数	占总种数百分比/%
樟科	11	13.10%	清风藤科	1	1.19%	壳斗科	21	25.00%
芸香科	1	1.19%	蔷薇科	1	1.19%	金缕梅科	1	1.19%
榆科	7	8.33%	茜草科	1	1.19%	桦木科	1	1.19%
银杏科	1	1.19%	槭树科	2	2.38%	胡桃科	3	3.57%
五加科	1	1.19%	漆树科	1	1.19%	红豆杉科	4	4.76%
松科	2	2.38%	木兰科	3	3.57%	杜仲科	1	1.19%
柿科	1	1.19%	楝科	5	5.95%	豆科	7	8.33%
山茱萸科	2	2.38%	连香树科	1	1.19%	伯乐树科	1	1.19%
山茶科	2	2.38%	蓝果树科	1	1.19%	柏科	1	1.19%

（二）发展历程

珍贵树种一般具有较高的经济价值、良好的生态功能和重要的社会功能。不仅能够提供优质用材，作为战略资源储备，还具有较好的维持地力和涵养水源的能力，能够有效地保障人工林的生物多样性，丰富人工林树种、林种和材种的多样性，满足日益增长的社会需求，提供优美的景观功能和休憩环境。江西省珍贵树种自然资源丰富，是亚热带珍贵树种的主要分布区和历史上的传统产区。从时序角度考虑，江西珍贵树种发展历程大致可以划分为3个阶段。

第一阶段，改革开放前，自发零星种植阶段。该阶段的主要特点是：时间漫长，发展近乎停滞，以僧人寺庙种植和农民房前屋后种植为主，树种较少，多为银杏（*Ginkgo biloba*）、樟（*Cinnamomum camphora*）、柏木（*Cupressus funebris*）、南方红豆杉等。

第二阶段，改革开放到21世纪初，缓慢发展阶段。随着我国经济复苏，城市建设不断提速，园林城市、森林城市建设被相继提出，城市园林绿化的标准和质量不断提高，不少珍贵树种作为园林绿化树种被栽进了城里，如银杏、鹅掌楸（*Liriodendron chinense*）、闽楠（*Phoebe bournei*）、南方红豆杉、木荷（*Schima superba*）等，同时也拉动了苗木培育产业的发展。另一方面，不少有眼光的国有林场负责人，意识到"杉松一家独大"的经营模式难以为继，开始种植珍贵树种，珍贵树种发展开始起步。

第三阶段，21世纪初到目前，提速发展阶段。以2005年国家启动实施珍贵树种培育示范基地项目建设为标志，江西省珍贵树种发展进入了提速阶段。在政策引导和资金扶持下，国有林场和部分民营企业成为珍贵树种发展的主力军，种植规模不断扩大。

（三）良种繁育和基地建设

自20世纪60年代起，江西先后建立了赣南树木园、省林业科学院树木园，中国林业科学研究院在赣中分宜建立了亚林中心树木园，另外，江西还建有庐山植物园。四园共计保存树种种质资源2 600余种（含重复）。近年来，又相继建立了九江珍稀濒危植物种质资源库和井冈山珍稀物种基因库，分别保存了珍贵树种110余种和130余种。上述种质资源库的建立，有效地保护了江西植物资源，特别是珍贵树种资源。2000年起，江西省林业局在全省通过新建或改建阔叶树采种基地35处，面积超过7 000 hm^2，涉及珍贵树种有木荷、红楠、甜槠、青钱柳

（*Cyclocarya paliurus*）、鹅掌楸、闽楠、樟、栓皮栎（*Quercus variabilis*）、南方红豆杉、栲（*Castanopsis fargesii*）、蓝果树（*Nyssa sinensis*）、红豆树（*Ormosia hosiei*）、刨花楠（*Machilus pauhoi*）、沉水樟（*Cinnamomum micranthum*）、香榧（*Torreya grandis* 'Merrillii'）、毛红椿（*Toona ciliata* var. *pubescens*）、银杏、亮叶桦、黄樟（*Cinnamomum parthenoxylon*）、南岭栲（*Castanopsis fordii*）等20个树种，为江西发展珍贵树种提供了初级良种，同时也起到了保护珍贵树种资源的作用。

为了加快主要造林树种良种繁育工作，江西省林业局自2014年起设立了林业科技创新专项，截至2018年，共立56项，总经费2 300万，其中涉及珍贵树种项目18项，经费750万。涉及的珍贵树种有：樟树、黄樟、闽楠、浙江楠（*Phoebe chekiangensis*）、鹅掌楸、红豆树、南方红豆杉、花榈木（*Ormosia henryi*）、木荷等，推动了珍贵树种研究及良种繁育工作。2016年11月，江西有4处林木种质资源库列入国家级林木种质资源库，即省林木育种中心苦楝、南酸枣国家林木种质资源库，省林业科学院竹类国家林木种质资源库，齐云山食品有限公司南酸枣国家林木种质资源库，中国林业科学研究院亚热带林业实验中心亚热带林木国家林木种质资源库。2017年8月，江西省林业局确定并公布了第一批6处省级林木种质资源库，分别是：乐平市历居山林场丝栗栲省级林木种质资源库、铜鼓县花山生态公益型林场南方红豆杉省级林木种质资源库、江西星火农林科技发展有限公司油茶省级林木种质资源库、上饶市林业科学研究所红豆树省级林木种质资源库、永丰县李山林场檫木省级林木种质资源库、江西省林业科学院木本油料树种省级林木种质资源库。另外，中国林业科学研究院亚热带林业实验中心、江西省林业科学院、各地市林业科学研究所以及多个国有林场等单位已建立62个珍贵树种育苗基地，每年培育高质量的容器苗9 400万株以上，能满足江西省珍贵树种造林需要。

（四）培育现状

江西省在发展珍贵树种工作中遵循"科技项目先行、良种良法支撑、工程示范推广"的思路，通过"实施一项目，种植一片林，示范一种树"的原则，加大了珍贵树种培育力度，初步筛选出闽楠、樟、檫木、刨花楠、红楠、桢楠（*Machilus chinensis*）、沉水樟、浙江楠、苦槠、米槠（*Castanopsis carlesii*）、甜槠、栲、青冈、红锥（*Castanopsis hystrix*）、伯乐树（*Bretschneidera sinensis*）、红豆树、黄檀、杜仲（*Eucommia ulmoides*）、南方红豆杉、香榧、青钱柳、蓝果树、毛红椿、香椿（*Toona sinensis*）、鹅掌楸、观光木、落叶木莲（*Manglietia decidua*）、木荷、光皮梾木（*Swida wilsoniana*）、金钱松（*Pseudolarix amabilis*）、江南油杉（*Keteleeria fortunei*）、银杏、榉木（*Zelkova schneideriana*）、红果榆（*Ulmus szechuanica*）共计34种珍贵树种进行推广。

在树种初步筛选的基础上，江西省重点发展的珍贵树种有闽楠、樟树、檫木、刨花楠、红楠、桢楠、沉水樟、浙江楠等8种。主要措施有：一是加大政策引导和资金支持力度，明确要求新造林要有一定比例的阔叶树种（特别是珍贵阔叶树种）；二是结合重点工程，如国家木材战略储备工程、江西省林业"绿化、美化、彩化、珍贵化"（以下简称"四化"）建设项目以及国有林场珍贵树种培育示范项目，加大珍贵树种应用推广；三是加大珍贵树种研发力度，在林业科技创新专项中加大珍贵树种立项比例。截至2019年，江西省发展珍贵树种共计30余万亩（不含城市绿化和野生部分），各设区市栽植现状如表2所示。通过珍贵树种资源培育示范项目的实施，同时结合其他重大林业工程建设，建立珍贵树种培育基地76个（表3）。重点示范的树种有闽楠、樟、南方红豆杉、花榈木、红锥、红槲栎（*Quercus rubra*）等，为珍贵树种良种繁育、高效培育及可持续经营提供了良好的示范，起到了以点带面的引领示范作用。尽管江西省珍贵树种栽植面积不大，仅占全省森林面积的 0.2%，但发展势头很好，其主要特点有：①培育树种种类多。种类达 42 种，占《中国主要栽培珍贵树种参考名录（2017）》所列树种的 21.32%。②发展速度快。幼龄林多（5 年生及以下），占珍贵树种种植面积 52.20%。③发展树种种类集中。种植面积前四的树种面积占比分别为闽楠 34.58%、南方红豆杉 15.45%、香榧 15.30%，樟 9.26%。④培育模式多样化。根据培育目的不同对珍贵树种进行定向培育，如材用、油用、材油兼用等。⑤特殊林产品利用发展强劲。包括开发工艺品、提取精油、研发食品和保健品等，如对闽楠材用、樟树精油提取、香榧果用、青钱柳叶用等进行综合开发利用。

表 2 江西省各区市珍贵树种发展规模

设区市	面积/亩	主要树种	设区市	面积/亩	主要树种
南昌	946.00	榉树、樟	九江	20 027.00	南方红豆杉、闽楠、青钱柳
赣州	25 399.00	闽楠、南方红豆杉、光皮桦木	萍乡	7 404.00	闽楠、鹅掌楸、南方红豆杉
宜春	57 002.90	闽楠、南方红豆杉、樟	鹰潭	12 230.00	南方红豆杉、鹅掌楸
吉安	72 422.15	闽楠、南方红豆杉	景德镇	11 916.00	槠栲类、樟
上饶	26 649.00	香榧、南方红豆杉	新余	18 345.00	闽楠、南方红豆杉、鹅掌楸
抚州	55 332.00	闽楠、香榧、樟	合计	307 673.05	

表 3 江西省各区市珍贵树种示范基地建设情况

设区市	数量/个	建成面积/亩	设区市	数量/个	建成面积/亩
南昌	3	700.0	九江	3	8 900.0
赣州	6	4 821.4	萍乡	0	0.0
宜春	4	1 884.0	鹰潭	5	4 650.0
吉安	24	9 391.2	景德镇	3	2 324.0
上饶	16	10 347.0	新余	5	3 000.0
抚州	7	2 310.0	合计	76	48 327.6

（五）开发利用

江西省珍贵树种的开发利用主要包括木质产品和非木质产品两个方面，包括木雕等工艺品、家具、果实、精油、食品和保健品等开发利用。在全国有较大影响的是江西金溪的香精香料产业和江西南康的家具产业。

江西的金溪县被命名为"中华香都"，拥有以樟树为主要原料的香料种植、研发、生产、加工、贸易的完整产业链，已向香精和日用化工终端产品延伸，产品远销欧、美、日等发达经济国家和地区。目前已拥有80家香料香精企业。天然香料市值69.5亿元，占全国天然香料市场的23%，世界天然香料的5%；天然芳樟醇、天然樟脑粉产量占全球80%，居全球第一，拥有全球市场话语权。蓝桉系列、天然茴香产品的加工快速发展，占国内市场1/3以上份额；黄栀子和无患子种植面积均居全国第二位，杉木油产量占全国70%以上；拥有全国唯一生产无患子系列天然日化产品企业，亚洲唯一生产食品乳化稳定剂的企业——天奕香料公司。

江西珍贵树种木材加工利用总量较小，由于人工培育的资源年龄尚小，所需的珍贵用材基本依赖进口。江西南康是全国最大的实木家具生产基地、国家新型工业化产业示范基地、全国第三批产业集群区域品牌示范区，2009年起连续9年被中国家具协会评为"全国优秀家具产业集群"，2017年被国家林业局授予"中国实木家居之都"，经国家质量监督检验检疫总局批准成为全国16个创建国家级家具产品质量提升示范区之一。拥有中国驰名商标5个，江西省著名商标88个，江西名牌32个，品牌占有量在全省名列前茅。2018年产值达1 600亿元，年需木材量212万m^3，但缺少珍贵用材所需数据。

另外，江西抚州的香榧果用产业和江西九江的青钱柳叶用产业也在发展中。

（六）技术支撑

珍贵树种的发展离不开科技的支撑。江西省成立了江西省林学会珍贵树种专业委员会，获国家林业和草原局批复成立国家林业和草原局樟树工程技术研究中心、樟树国家创新联盟。从事珍贵树种研究的单位有江西省林业科学院、江西农业大学、江西省科学院、南昌工程学院等科研院所和大专院校。其中，江西省林业科学院重点研究基于分子生物技术的樟树功能基因资源挖掘与利用、现代良种创制和资源高效培育，红豆属珍贵树种资源保护与繁育、开发与林产品利用等；江西农业大学林学院重点研究樟科植物天然化工原料提取、加工利用和刨花楠、毛红椿的高效培育等；江西省科学院生物资源研究所重点研究杂交鹅掌楸高效繁育、樟树材用资源收集与评价等；南昌工程学院重点研究樟树种质资源收集与评价、生殖生物学等。这些研究为江西省珍贵树种的发展提供了技术支撑。

三、存在问题

（一）具有资源优势，但缺乏规划引导

江西省珍贵树种资源丰富，具有天然优势，但是目前尚无明晰的发展路线。周边省份（自治区、直辖市）都已制定了珍贵树种资源发展规划纲要，但是江西尚无珍贵树种资源发展中长期规划，造成珍贵树种工作缺乏系统性和连续性，研究工作零散、缺乏深度。另一方面，珍贵树种发展的扶持政策较为滞后。珍贵树种的培育周期长，需要长期占用土地，投资回报慢，而有些树种属保护树种，间伐、采伐利用手续繁杂，在很大程度上影响了经营主体的投资信心，制约了珍贵树种的快速发展。

（二）具有发展意识，但联合协同机制不健全

珍贵树种培育是一个系统工程，需要政策引导、技术支撑、造林主体组织实施等环节共同发力，要在良种壮苗、造林模式、经营管理上开展产学研协同攻关，科学推动珍贵树种发展。经过各级林业部门的宣传推动，江西的涉林科研、教学单位、各类林业经营主体，有了发展珍贵树种的意识，但尚未形成高效的联合协作机制，造成科研单位研究方向与产业发展需求脱节，良种选育和繁育技术与苗木生产脱节，高效培育技术成果应用缓慢，科技促进生产的成效不明显。

（三）具有资源培育意识，但资源利用开发不足

江西是林业资源大省，森林覆盖率位居全国第二，有培育资源的好传统，但加工利用能力弱，林下经济发展缓慢，林业产业链短，产值不高。江西又是个经济欠发达省份，加快发展是当务之急。当前，江西面临着加快发展与保护生态环境的双重压力，"生态＋经济"融合发展意识欠缺，导致资源优势未能转化为经济优势，如何打通"绿水青山与金山银山的双向转换通道"，是摆在江西务林人面前的重要任务。

（四）科技工作滞后，缺乏稳定的经费支持

培育珍贵树种投资大、回报周期长，需要成熟的技术支撑，否则存在较大风险。当前，江西主推珍贵树种（如闽楠、杂交鹅掌楸、樟等）优质壮苗技术已经成熟，培育的优质苗木能满足本地的造林需求，但立地选择、良种选育、栽培模式等方向的研究有待进一步成熟，在生产上应用尚需时日；加工利用研究更显薄弱，产业链短，木材林业的局面没有根本改观。因此，必须加强珍贵树种系统性研究，特别是开发利用研究，延长产业链，提高经济效益，为各营林主体提供可预期的收入，从

而提振信心，强劲动力。另一方面，珍贵树种研发工作缺乏稳定的经费支持，研究成果破碎化、深度不够，不能有效解决珍贵树种发展中的关键技术难题，科技引领作用有待提高。

四、发展对策与建议

（一）充分利用调研数据，制定合理的资源培育和保护策略

江西省已于 2019 年 10 月完成了珍贵树种的调查，获得了大量资源数据，通过对数据整理分析，结合森林资源调查资料，可以全面掌握江西省珍贵树种发展的现状、特点和存在的问题。对珍贵树种发展工作进行阶段性评估，针对性地制定江西珍贵树种发展和资源保护策略，补短板、强弱项，充分利用江西优越的水热条件和资源优势，加快珍贵树种发展步伐。

（二）总结先进经验，加大示范推广力度

江西省在"山水林田湖草生态修复保护项目""低质低效林改造项目""国家木材战略储备项目""良种良法推广示范项目"实施过程中加大了珍贵树种培育力度，形成了明显的地域特色，培育了一批典型产业，总结了一些有益做法。比如，抚州市以樟树为主的香精香料产业、吉安市闽楠等珍贵树种资源培育产业、赣州市低质低效林改造项目珍贵树种应用及县城森林公园建设中珍贵树种科普教育做法。这些产业发展经验和有益做法，经过提炼加工，可以编写成册，作为基层林场开展珍贵树种培育培训班的教材，用典型事例示范带动珍贵树种培育工作。

(三)在稳定经费支持下,加强科研工作的针对性和系统性

目前,珍贵树种科研经费分散在其他科技专项中,没有稳定的经费支持,缺乏有针对性的系统设计,导致科技工作零碎化,不能有效支撑珍贵树种发展。在国家层面,珍贵树种研发被列入了"十三五"国家重点研发计划"林业资源高效培育与利用"专项。江西应根据本省珍贵树种发展特点和不足,提出有针对性的珍贵树种研发计划,重点在立地选择、良种选育、栽培模式、综合利用等方面设计课题,加强课题设计的系统性和针对性,通过科技攻关,切实解决珍贵树种发展的关键技术瓶颈,发挥好科技支撑引领作用。

(四)明晰相关政策,树立经营主体发展珍贵树种的信心

珍贵树种培育难度大,经营周期长,资金投入大,政策扶持显得特别重要。当前,政策鼓励导向非常清晰,但资金补助力度偏小,经营主体资金压力很大,特别是珍贵树种采伐政策不清晰,使经营主体产生了心理顾虑,不敢大胆投资珍贵树种项目,制约了珍贵树种的发展。因此,加大资金扶持力度,明晰相关政策,特别是珍贵树种采伐利用政策,是加快珍贵树种发展的重要政策举措。

作者简介

周诚,男,1962年生,江西南昌人,中共党员,硕士,研究员,现任江西省林业科学院副院长,兼任樟树研究所所长。主要从事森林培育和林木遗传改良相关研究工作。先后参与了江西省杉木种源试验、杉木种子园结实规律和杉木大径材培育等项目研究。主持完成了多项课题,其研究成果"杉木高产家系综合选择和利用研究"获1993年江西省科技进步奖三等奖。近年来,主持或参与完成了"优良沿海防护林树种——东方杉引种及繁育技术研究""优良园林生态树种——棱角山矾抗污

染效应及培育技术研究""林木群体数量性状主基因检测的研究""中亚热带珍贵阔叶单板材树种筛选及遗传改良""珍贵阔叶树闽楠、毛红椿丰产培育技术推广与示范"等项目的研究。目前，主持国家重点林业研发专项课题"樟树等高效培育技术研究"。先后发表科技论文20余篇。

刘新亮，男，博士，江西省林业科学院樟树研究所助理研究员。

白蜡虫全基因组甲基化分析

陈 航

（中国林业科学研究院资源昆虫研究所研究员）

一、背景和国内外现状

白蜡虫［*Ericerus pela* (Chavannes)］在分类上属于半翅目（Hemiptera）蚧总科（Coccoidea）白蜡蚧属（*Ericerus*），是一种具有重大经济价值的资源昆虫。白蜡虫二龄雄若虫分泌的白蜡是用途广泛的纯天然高分子化合物，主要成分为二十六酸二十六酯，有熔点高、光泽好、理化性质稳定、防潮、润滑、着光等优良特性，被广泛应用于化工、医药、食品、农业等行业，是我国的传统特色林产品，在云南、贵州、四川、湖南、陕西等省（自治区、直辖市）均有生产，是这些地区农民增收的主要来源。白蜡虫的生长发育、繁衍等行为受到温度、湿度、光照等多种环境因素的影响，白蜡虫的雄虫泌蜡包含着复杂的生态和生理问题，为适应复杂的生态环境过程中产生的泌蜡等生理现象，主要受到湿度、光照的影响，且呈现高湿度、低光照地区白蜡虫泌蜡量高的趋势。我国白蜡生产主要依靠传统的生产方式，即在云南、贵州等高海拔地区生产种虫，然后长途运输到四川、湖南等低海拔产蜡区生产白蜡，这种方式存在需要长途运输、种虫损失大、生产

---

* 第七届国际昆虫生理生化与分子生物学学术研讨会上的专题报告。

产量低等弊端，制约了白蜡产业的规模发展。这一宝贵的生物蜡资源没有被挖掘出其应有的价值，亟待在遗传育种等基础研究上取得突破。

二、基因组甲基化分析

（一）白蜡虫全基因组测序与数据分析

白蜡虫基因组测序采用全基因组鸟枪法（WGS）策略，利用新一代测序技术联合三代测序技术完成。Illumina Hiseq 测序量为 85.01G，覆盖深度为 102.9 X（按照 survey 预估的基因组大小 0.825 59G 计算），采用 pacbio 平台进行测序，总测序量为 43.44 G，覆盖深度为 52.6 X，构建 10 X 测序文库，总测序量为 120 G，覆盖深度为 145.35 X。测得白蜡虫基因组大小为 825.59 Mbp。对白蜡虫基因组进行测序 denovo 组装，contig 总长 649.53 Mbp，contig N50 长度达到 411.09 kbp，scaffold 总长 655.25 Mbp，scaffold N50 长度达到 1.25 Mbp，对组装版本进行多种方法评估并与其他已发表的昆虫全基因组数据比较，结果显示白蜡虫全基因组一致性、完整性及准确性均较好。用基因结构预测得到的蛋白质序列比对已知蛋白库，得到白蜡虫基因组共有 14 020 个基因，其中 11 593 个基因（82.7%）可以被注释出功能（图 1）。

通过基因家族的聚类分析，结果显示 16 个物种一共聚类出 24 923 个基因家族；其中各个物种共有的单拷贝基因家族为 553 个（图 2）。基因家族分析结果表明，(most recent common ancestor，MCRA) 有 24 911 个基因家族。按照 $P<0.05$ 过滤，白蜡虫扩张了 17 个基因家族，收缩了 3 个基因家族。

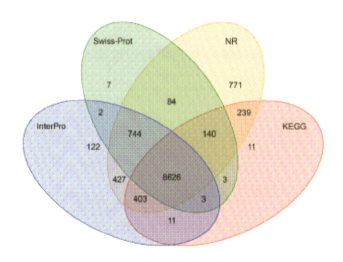

图 1　白蜡虫基因功能注释统计结果

（注：不同颜色分别表示在 NR、KEGG、Swiss-Prot 和 IntePro 四大数据库注释到的基因数量。）

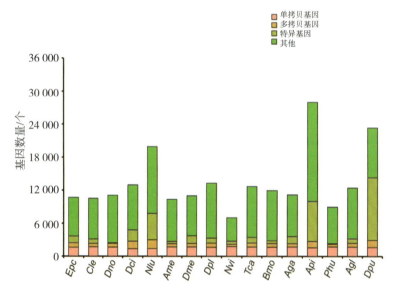

图 2　各物种基因家族种类分布

（二）白蜡虫基因组甲基化概况

最近的研究强调了 DNA 甲基化对理解昆虫表型可塑性和生物复杂性的重要性。为了研究表观遗传调控在白蜡虫变态过程中的潜在作用，我们首先采用全基因组测序（WGBS）技术对白蜡虫的一龄雄若虫及一龄雌若虫进行了甲基化分析。研究发现，白蜡虫雄虫全基因组有 4.42% 存在甲基化现象，雌虫则为 3.90%。白蜡虫基因组中，发现了 3 种甲基化位点，分别为 CG、CHH 和 CHG。但绝大多数甲基化位点为 CG 位点，即 CG 位点的甲基化在白蜡虫基因组中大量富集（图 3）。通过分析基因组 CG 甲基化位点及非 CG 甲基化位点（CHH 和 CHG 位点），我们发现，高甲基化区域及低甲基化区域在染色体上呈镶嵌模式（即高甲基化区域与低甲基化区域互相穿插），且有大幅波动（图 4）。

更重要的是，我们发现很多重复序列存在高度甲基化现象，并且外显子的甲基化程度比内含子高。这一结果与蝗虫相似，但其他很多昆虫中则表现为内含子甲基化水平高于外显子。虽然在白蜡虫中我们只发现了一个甲基转移酶基因（$Dnmt1$），但白蜡虫的甲基化水平却远远高于家蚕、蜜蜂等其他物种（白蜡虫平均甲基化水平为 4.2%，其他物种为 0.1% ~ 1.6%）。

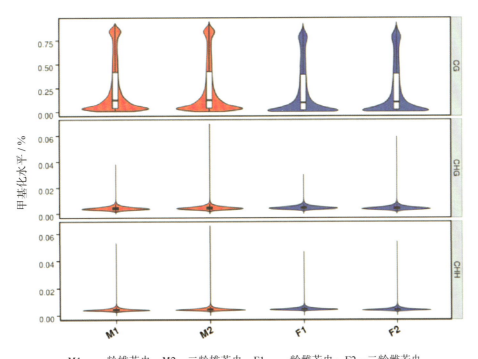

M1—一龄雄若虫；M2—二龄雄若虫；F1—一龄雌若虫；F2—二龄雌若虫。

图 3　白蜡虫甲基化位点在基因组中的水平分布

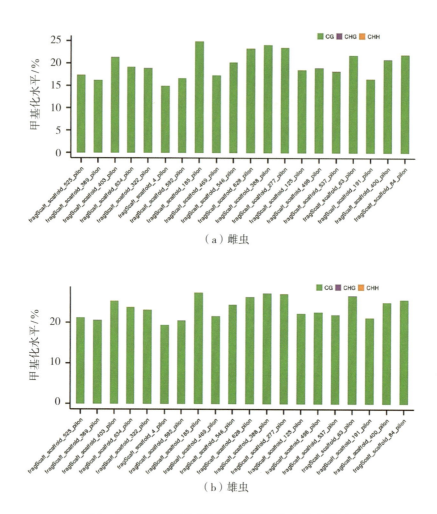

图 4 白蜡虫甲基化位点在不同支架所有 C 位点的百分比

（三）雌雄甲基化差异基因富集分析

在白蜡虫基因组的 14 020 个基因中共找到了 385 025 000 个 CpG 位点。我们进一步分析了白蜡虫雄虫及雌虫基因组的甲基化情况，发现共有 1 699 个基因有显著的差异甲基化现象。这些基因主要可分为 14 个类群，主要包括细胞反应过程、发育过程、代谢过程、大分子复合体和传感器活动、信号途径、定位、生物过程和刺激响应等。这些基因类群在很多六足类动物中都有记载，它们在脂质和蛋白质代谢、组织形态发生和器官发育中起着至关重要的作用，而这些都与昆虫和其他动物的变态有关。

我们又进一步分析了差异甲基化基因的 KEGG 代谢通路富集情况，发现有 7 个类群与白蜡虫变态息息相关，它们分别为肾素 - 血管紧张素系统（RAS）、肾素分泌、谷胱甘肽代谢、脂肪酸生物合成、淀粉和蔗糖代谢、神经活动的配体及受体、胰岛素分泌。肾素是决定血浆中血管紧张素浓度的关键性条件，通常被称为激素，而肾素－血管紧张素系统（RAS）是一个调节体液平衡的系统。在脊椎动物中，胰岛素是 β 细胞产生的一种肽类激素，可以通过促进肌肉和脂肪组织对葡萄糖的吸收来调节碳水化合物和脂肪的代谢。在昆虫中，胰岛素和类胰岛素肽发挥着类似的作用，并且能促进细胞生长。脂肪酸生物合成参与了雄虫体内高浓度保幼激素的生产过程。

有趣的是，在 KEGG 代谢通路中显著富集的前 7 个基因类群均表现为雄虫的甲基化水平高于雌虫，这表明雄性白蜡虫在一龄若虫时经历了更复杂的生理过程，故伴随着更高的 DNA 甲基化水平。我们的数据表明，激素代谢的差异是白蜡虫性别二态性发育的基础。白蜡虫的二态性发育是昆虫从不完全变态到完全变态的重要过渡类型，本研究可为今后研究昆虫进化提供新思路。

三、激素对白蜡虫雌雄分化的影响

甲基化分析发现激素（JH 和 20E）协同调控白蜡虫的变态发育进程，且白蜡虫二龄幼虫期为性二型发育的起点。通过 KEGG 通路分析，发现保幼激素和蜕皮激素的代谢通路都和萜烯类化合物合成有重要关系，萜烯类化合物是 JH 和 20E 合成的前体物，但是蜕皮激素合成的三萜烯类化合物只能从食物中获得。分析发现，在 FF vs FM、FF vs SF 中，JH 和 20E 及其萜烯类化合物合成的相关基因无差异性或差异性较少，但是在 SF vs SM、SM vs FM，差异性表达基因较多［图 5(a)］。

进一步分析发现，在萜烯类合成过程中，SM vs FM 有 39 个差异表达的转录本（上调 34 个，下调 5 个），SF vs SM 有 27 个差异表达的转录本（上调 25 个，下调 12 个），在 SM vs SF 中，羟甲基戊二酰辅酶 A 还原酶（NADPH）(HMGCR)（KO：K00021），乙酰辅酶 A C-乙酰转移酶（atoB）(KO：K00626)，羟甲基戊二酰辅酶 A 合酶（HMGR）(KO：K01641)，法呢基二磷酸合成酶（FDFS）(KO：K00787)，香叶基二磷酸合成酶（GGPS1）(KO：K00804)，蛋白质法呢基转移酶（FNTB）(KO：K05954、K05955)，多聚-聚异戊二烯二磷酸合成酶（DHDDS）(KO：K11778)，十二烷基二磷酸合成酶亚基（PDSS1）(KO：K12504)，甲羟戊酸激酶（MVK）(KO：K00869)，STE24 内肽酶（STE24）(KO：K06013)，二磷酸甲羟戊酸脱羧酶（MVD）(KO：K01597)，异戊烯二磷酸酯-异构酶（IDI）(KO：K01823)，异戊二烯蛋白肽酶（RCE1）(KO：K08658)，总计 12 种蛋白酶 36 个转录本差异性表达［图 5(b)］，其中 25 个转录本上调表达，11 个转录本下调表达。

SM vs FM 中除了上述的 12 种蛋白酶之外，还有磷酸甲羟戊酸激酶（mvaK2）(KO：K13273) 相关基因也发生了差异性表达［图 5(c)］，总计 39 个基因差异性表达，其中 5 个转录本下调表达，34 个转录本上调表达，因此 SF 中萜烯类代谢过程关键基因显著富集表达且对 JH 的合成有重要的作用。JH 和 20E 合成代谢过程中，SM vs FM 有 14 个差异表达的转录本（上调 10 个，下调 4 个），SF vs SM 有 16 个差异表达的转录本（上调 11 个，下调 5 个），其中保幼激素脂酶［(juvenile hormone esterase, JHE (KO：K01063)］，细胞色素氧化酶［CYP15A1 (KO：K14937)、CYP307A1/2 (KO：K14939)、CYP314A1 (KO：K10723)、CYP18A1 (KO：K14985)］相关基因差异性表达，其中 JHE 水解保幼激素，CYP15A1 催化合成保幼激素；CYP307A1/2、CYP314A1 催化合成蜕皮激素，CYP18A1 水解蜕皮激素。其中，在 SF vs SM 中 [图 5(c)]，CYP15A1 的 8 个转录本上调表达，JHE 的 2 个转录本下调表达；CYP307A1/2 的 4 个转录本差异表达（3 个下调表达，1 个上调表达）、CYP314A1 的 1 个转录本上调表达，CYP18A1 的 1 个转录本上调表达。SM vs FM 中 [图 5(e)]，CYP15A1 的 3 个转录本下调表达，JHE 的 3 个转录本上调表

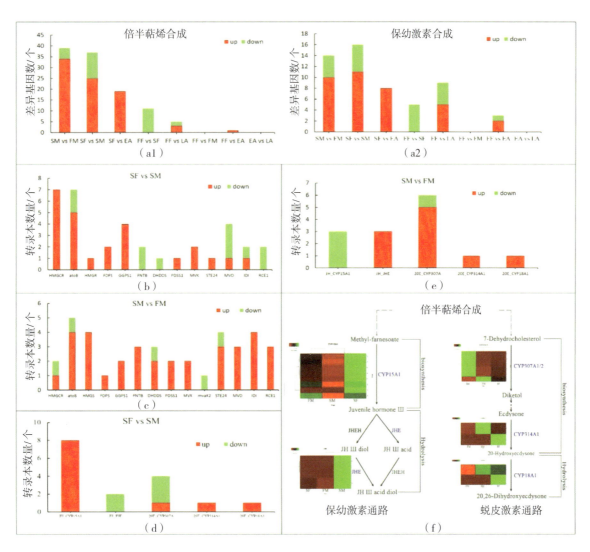

图 5 倍半萜烯、保幼激素和蜕皮激素 KEGG 代谢通路差异基因

注：图（a1）、图（a2）的横坐标代表时期对比，纵坐标表示转录本数量。图（b）、图（c）横坐标表示倍半萜烯差异基因，纵坐标表示转录本数量。图（d）、图（e）横坐标表示 JH 和 20E 差异基因，纵坐标表示转录本数量。图（f）JH 和 20E 代谢通路简图，蓝色字母代表基因，字母左边的图表示该基因差异转录本表达结果。

达；CYP307A1 6个转录本差异表达（5个上调表达，1个下调表达），CYP314A1的1个上调表达，CYP18A1的1个转录本上调表达。进一步对CYP15A1、JHE、CYP307A1/2、CYP314A1、CYP18A1转录本FPKM值聚类分析［图5（f）］，发现CYP15A1在SF中高表达，在SM中低表达；JHE在SM中高表达，在SF和FM中低表达；CYP307A1/2在SM中高表达，在SF和FM中低表达。

四、结 论

白蜡虫全基因组甲基化程度较高（4%），绝大多数昆虫甲基化低于1%，而白蜡虫雄虫（4.42%）的甲基化程度略高于雌虫（3.90%），远高于其他类昆虫。甲基化主要分布CpG位点（99.33%），仅有少数分布于非CpG位点（0.67%），3种甲基转移酶Dnmt1、Dnmt2和Dnmt3只检测到Dnmt1。基因区外显子和内含子，内含子甲基化程度远高于外显子（蝗虫），与其他报道的大部分昆虫不同。白蜡虫雌雄虫间表现出甲基化显著差异的基因有1 699个，主要分为14大类，包括细胞过程、发育过程、代谢过程、大分子复合体和传感器活性、信号传导、定位、生物学过程和应激反应等，这些差异基因在脂质和蛋白质代谢、组织形态形成和器官发育等方面发挥着重要的作用。雌雄甲基化差异基因富集在KEGG通路的统计分析，富集最显著的7个通路：包括肾素-血管紧张素系统（RAS）、肾素分泌、谷胱甘肽代谢、脂肪酸生物合成、淀粉和蔗糖代谢、神经活性配体受体和胰岛素分泌，主要是激素调控、脂肪酸生物合成通路相关，与雌雄分化与泌蜡密切相关。

作者简介

陈航，男，1977年生，博士，研究员，博导。研究方向为资源昆虫学和昆虫分子生物学。主持国家和省部级项目12项，已发表学术论文57篇（其中被SCI收录33篇），作为第一作者和通讯作者的23篇，获国家专利授权7项。入选国家"万人计划"青年拔尖人才、云南省技术创新人才、云南省昆虫分子生态与进化创新团队带头人。兼任中国林学会森林昆虫分会常务委员、资源昆虫产业国家创新联盟理事、五倍子产业国家创新联盟副理事长。科研成果获国家科技进步二等奖1项，省部级科技奖2项。

第四篇

调研报告

建设世界一流美丽大湾区的对策与建议

陈幸良 等

（中国林学会副理事长兼秘书长、研究员）

建设粤港澳大湾区是以习近平同志为核心的党中央立足全局和长远提出的重大国家战略，是新时代推动形成全面开放新格局的重要举措，是推动"一国两制"事业发展的新实践，对于实现"两个一百年"奋斗目标、实现中华民族伟大复兴的中国梦至关重要、使命重大。生态环境是大湾区建设的重要基础，建设生态环境优美、绿色低碳宜居的国际美丽大湾区是践行习近平生态文明思想的重要体现。

为更好地发挥学会的智库功能，为国家重大战略的实施提供咨询服务和科技支撑，2019年9月，由中国林学会牵头，联合全国10多家学会、科研机构、中央企业，以及来自林业、环境、水利、海洋、气象、能源等领域的8名院士、50多名专家，开展了粤港澳大湾区生态环境保护与生态系统治理联合调研，形成了调研总报告和生态系统治理等6份专题报告，并形成如下建议。

一、生态环境保护现状

粤港澳大湾区是中国开放程度最高、经济活力最强、生态环境基础好、绿色发展质量高的区域之一。大湾区生态环境保护与治理起步较早、成效明显，处于全国领先

---

* 粤港澳大湾区生态环境保护与生态系统治理重大咨询专项调研报告。

地位。大气环境成为全国率先实现稳定达标的区域，东江、北江、西江水质优良，城市饮用水水源地水质稳定达标。森林、湿地、海洋等自然生态系统得到了较好的保护，珠三角九市是全国首个国家级森林城市群，森林覆盖率达到51.84%，接近热带雨林国家巴西的水平（世界排名第3）。各类自然保护区、湿地公园、海洋公园、郊野公园丰富，红树林面积回升，大湾区气象监测、预报预警和服务工作发展较为成熟，成为国内服务体系最全、保障领域最广、服务效益最突出的区域之一。大湾区内太阳能资源丰富，光伏和海上风能发电量逐年上升，可再生能源使用占比逐步增长。总体来看，大湾区基本具备建成生态环境高品质世界级城市群、世界一流美丽湾区的基础。

二、主要问题与挑战

粤港澳大湾区生态环境保护与生态系统治理面临以下六大问题和挑战：

（一）生态环境承载压力大，跨境、跨界生态环境重点问题亟待解决

大湾区历经长期高强度的工业化、城镇化发展，大部分地区资源环境承载能力已接近或超过上限。大湾区PM2.5污染防治、城市黑臭水体治理、环境基础设施欠账、跨界水体污染等环境问题仍待解决，臭氧（O_3）、挥发性有机物（VOCs）、港航污染、海漂垃圾等新型环境问题日趋凸显。由于粤港澳三地发展历程和阶段不同，在环境标准、环境执法等方面存在巨大差异，相互间生态环境保护诉求协调难度较大。

（二）生态系统脆弱，功能发挥不完善

珠三角九市森林的单位面积蓄积量不足全国平均水平的2/3；树种结构不太合理，森林质量不高，改造难度大；林业有害生物灾害防控形势严峻，生态系统脆弱；

自然保护地功能没有得到充分发挥；湿地、红树林保护力度不够，林地保护开发与利用矛盾日益突出。

（三）水安全领域存在突出短板，抗风险能力弱

大湾区水资源、水安全保障能力不足，城乡居民人均用水量高于全国平均水平；水环境污染问题仍然突出，水库蓝藻水华等富营养化现象时有发生；水资源保障不充分、不平衡；流域水利监管能力不足。

（四）海洋资源与生态环境保护压力大

海洋资源开发利用强度较大，近岸海域水环境质量面临进一步恶化的压力。海岸带开发利用强度较大，自然岸线显著减少，岸线利用效率相对偏低。航道开发缺乏规划，航道资源破坏风险加剧。珍稀水生野生动物保育面临难题。陆海统筹衔接不够，三地海洋防灾减灾观测预报和监测数据共享不足。

（五）气象防灾减灾和应对气候变化存在挑战

在全球气候变化背景下，大湾区气温上升，极端气候事件趋多趋强。台风、暴雨、高温、干旱、强对流、低温等气象灾害种类多、发生频率高。海平面上升对沿海经济发展和生态环境产生不利影响。登陆台风强度和破坏度增强，防御难度加大。气候带北移，农业产量不稳定性增大，病虫害加重。大气自净能力下降，珠江流域咸潮加剧，季节性缺水频率增大，对大湾区可持续发展构成严峻挑战。

（六）能源结构不合理

大湾区能源供应结构中煤炭、石油占比超过50%，远高于国际三大湾区。

2017年大湾区煤炭能源消费量达6 094万t，发电结构仍以化石能源为主，2017年大湾区电力总装机容量5 232万kW，其中煤电占比约50%，可再生能源发电占比不足7%。

三、国际经验借鉴

调研组分析借鉴了世界一流湾区建设经验，以期为我国湾区建设提供参考。可资借鉴的主要经验有：

（一）建立有效的湾区生态环境协调管理机制

美国纽约湾区由独立的非营利性区域规划组织——纽约区域规划协会主导跨行政区域环境保护的统筹协调规划。日本东京湾区由政府主导，大都市整备局负责湾区的基本规划，具有行政效力。

（二）注重中长期发展规划

美国旧金山湾区每5年做1次城市规划，在开发建设中保留农田、林地，以优质的自然、文化环境吸引高端人才及一流企业。日本东京湾区先后5次制定基本规划，重视生态保护，强调城市可持续发展。

（三）依靠科技进步解决生态环境问题

美国旧金山作为全球清洁能源研究中心，依托劳伦斯实验室，225家清洁技术企业总部设在旧金山，吸引着越来越多的清洁技术企业。

（四）推动公众、企业、智库等多主体参与湾区生态环境保护

美国纽约湾区、旧金山湾区在区域规划制定实施中均有广泛的公众参与。日本东京湾区在发展过程中将环境智库作为推动东京湾绿色发展的重要力量，如日本开发构想研究所、东京湾综合开发协议会等智库，对湾区发展进行长期研究，并作为衔接各种规划的平台，发挥着重要的推动作用。

四、主要政策建议

根据党中央对粤港澳大湾区的战略定位，在调研和借鉴国际经验的基础上，提出以下政策建议：

（一）明确建设世界一流美丽大湾区的战略定位和目标

坚持以习近平生态文明思想为指导，全面践行"创新、协调、绿色、开放、共享"的新发展理念，把生态文明建设放到更加突出的位置，融入大湾区建设的各方面和全过程。强化战略引领，按照《粤港澳大湾区发展规划纲要》提出的大湾区"五个战略定位"，明确把大湾区建设成为世界一流美丽大湾区和具有全球影响力的生态文明示范区。对标世界一流湾区和生态文明建设要求，编制中长期规划，率先探索建立起一套可考核、可监督的生态文明目标评价指标体系，建设生态优美、蓝色清洁、健康安全、绿色低碳、治理创新、开放共享的生态大湾区。力争到2035年，大湾区生态文明建设达到更高水平，绿色发展和绿色生活方式全面建成，生态环境质量达到国际先进水平，绿色低碳循环发展水平显著提升，环境风险得到有效管控，环境健康得到充分保障，自然更加宁静、和谐、美丽，生态文化深度融合繁荣，实现生态环境治理体系和治理能力现代化，生态环境品质国际一流、人与自然

和谐共生、宜居宜业宜游的美丽湾区全面建成，打造具有国际影响力的绿色发展示范区。

（二）强化陆地生态系统保护修复

按照"山水林田湖草"生命共同体的理念，编制生态保护修复规划，实施一批生态工程。实施大湾区国家森林城市群建设工程，积极推动大湾区森林保护与发展网络建设。统筹推进生态廊道建设，建立基于生物多样性保护、生态功能提升以及生态安全格局维护为主的大尺度生态廊道。实施沿海防护林体系建设工程，建设沿海基干林带，加强退化红树林保护和修复。推进城乡绿化一体化，加强自然保护地体系建设，积极创建国家公园，全域实施乡村绿化美化，集中对城镇周边、江河两岸、大中型水库周边、高等级公路两侧林相进行改造，加强对林地、林木、生态公益林、古树名木等资源的管护。完善湿地分级管理体系，保护修复重要湿地，因地制宜建立一批湿地公园，提升湿地生态系统多种功能。

（三）系统维护流域和海洋生态环境与资源安全

持续推进饮用水水源保护区规范化建设，全面整治水源保护区环境问题，加快大湾区节水型社会建设，保障饮用水安全和粤港、粤澳供水安全。加强水环境水生态安全政策机制建设，完善湾长制、河长制、湖长制。强化东江流域水质保护和珠江－西江黄金水道水污染防治，协同整治跨境跨界河流污染和重污染水体。强化重点河口海湾综合整治，协同应对海漂垃圾和海平面变化。实施蓝色清洁大湾区建设工程，集中保护水生态、水环境。

（四）打造中国大气污染治理先行示范区

在率先实现空气质量达标的基础上，利用大湾区衔接国际空气质量管理的优势条件，积极探索中国大气环境治理的新目标、新标准。包括完善三地大气污染联防联治合作机制、空气质量预报预警合作体系建设。实施VOCs和氮氧化物协同治理，控制PM2.5和臭氧污染。优化大湾区空气监测网络，推动三地联合开展VOCs在线监测，推动车油路港联防联控，联合开展船舶污染防治等。

（五）建设应对气候变化先锋城市群

率先实施低碳发展战略，制定差异化的绿色低碳发展路线图，探索实施大湾区碳排放总量控制。加强气象监测预警平台建设，提升天气预报精度，让大湾区气象服务产品和技术在全球气象发展中发挥引领和示范作用。构建大气污染物与温室气体协同控制政策体系。鼓励各城市出台差异化协同控制方案和适应气候变化路线图，建设应对气候变化试点示范基地。加强应对气候变化科技研发，提升城市应对气候变化能力和应急保障服务能力。注重应对气候变化的政策和管理工作，包括节能减排措施和政策配套、新能源开发利用、适应变化能力的提升等。实施"平安海洋"气象保障工程，完善海洋气象综合观测系统和气象预警信息发布系统。

（六）建设引领全国、面向全球的生态环境创新服务平台

发挥粤港澳三地的信息、科技、产业、人才等方面优势，积极谋划实施一批生态环境重大科技创新项目。建立立足大湾区、面向"一带一路"乃至全球生态环境前沿科学的研究平台、重点实验室和研究基地。围绕生态文明建设、生态环境保护重大战略需求、美丽湾区建设等重点领域和方向，加强基础研究、关键技术攻关以及技术集成示范与推广应用。

（七）创新生态环境治理模式

探索在大湾区率先试行与国际接轨的生态环境管理体系。健全以国土空间规划、"三线一单"等为主体的生态环境空间管控体系，完善生态环境准入制度，为生态产品和服务供给提供源头保障。研究探索大湾区生态环境质量标准和评价体系、大湾区生态文明建设评价体系，为全过程管理提供支撑。运用大数据、物联网等新技术，提升生态产品和服务供给能力。探索设立大湾区绿色发展基金，重点支持新能源、生态农业、绿色建筑、生态环境基础设施、"无废城市"及能力建设等绿色产业发展，大力推进绿色金融创新，建立健全财政激励机制。加快绿色清洁低碳技术创新和推广应用，打造清洁技术和新能源产业基地，加快产业结构与能源结构的战略性调整，形成绿色低碳产业体系、绿色能源体系、绿色交通运输体系和绿色生活方式。

（八）建立大湾区生态环境保护联合协作机制

完善既有生态环境保护会商机制，探索组建粤港澳三地共同参与的生态环境与生态系统治理协调机制和合作平台。探索建立大湾区生态环境与生态系统监测联盟，推进重点领域环境监测、生态保护、污染排放等标准统一，实现生态环境保护与生态系统治理的数据共享。整体布局湿地、森林、生态廊道建设，联通跨区域生态廊道，提高生态系统的连通性。建立和完善粤港澳三地灾害会商、信息互通、协同处置机制。组建大湾区生态文明建设战略研究平台，加强大湾区生态文明建设战略研究和顶层设计。推进泛珠三角区域生态环境保护和污染联防联治，积极参与绿色"一带一路"建设。

作者简介

陈幸良，男，1964年生，农学博士，研究员，国务院特殊津贴专家，博士生导师，现任中国林学会副理事长兼秘书长，兼任国家林业和草原局森林认证委员会副主任、国家林业和草原局院校教材建设专家委员会副主任委员、中国林学会林下经济分会常务副主任委员等。主要研究方向为森林生态经济、森林资源与环境、林下经济、生态工程管理等。近年来紧密跟踪国内外发展前沿，在重大生态工程、森林资源经营、森林应对气候变化、乡村林业发展等方面取得创新成果。发表论文60多篇、出版著作10部。多次参加中央、国务院重要林业政策文件起草，主持林业行业科研专项和"十二五""十三五"多项科研课题。

其他作者简介：万军，生态环境部环境规划院总工程师、研究员；吴剑，中国水利学会副秘书长、研究员；贾后磊，国家海洋局南海规划与环境研究院总工、教授级高工；王金星，中国气象学会秘书长、研究员；祁和生，中国可再生能源学会秘书长、研究员；王枫，中国林学会高级工程师；林昆仑，中国林学会工程师。

关于浙江省推进"两进两回"的实践对策

周晓光

(浙江农林大学学生工作处处长、副教授)

按照科技、资金、人才等主题分别收集浙江已有的"两进两回"的相关政策制度、具体实践等方面的信息资料,全面梳理浙江实施"两进两回"工作的主要举措、成效经验,分析问题不足以及困难困境,借鉴国内外相关做法与经验,结合浙江省乡村振兴战略实施的总体部署与要求,系统提出浙江推进"两进两回"的实践对策。

一、"三端"同频用力,促进科技进乡村

科技进乡村的过程涉及科技供给、科技需求、科技服务三大主体,即供给端、需求端、服务端(以下简称"三端")。科技进乡村的实践工作,关键在于构建起科技创新与产业发展良性互动的"三端"同频发力机制。

(一)增强科技供给端的创新质量

科技创新的供给效率受科技组织体系的运行效率、科技成果与产业需求匹配度、供给的激励政策等多项因素的影响。促进科技进乡村,首要在于增强科技供给的时

---

* 浙江省乡村振兴战略实施专题调研报告。

效性、针对性、主动性。

一是强化农业科技创新项目的引领能力。按照国家科技计划体系改革的总体要求，要着眼前瞻部署、着眼资源整合，围绕浙江省农业产业发展需求，瞄准国际技术和产业前沿，建立重大项目会商制度，主动设计、组织实施一批重大共性关键技术攻关项目，突出特色主导产业的全产业链科技支撑，建立面向乡村产业未来发展的农业科技创新引领机制。同时，强化需求导向机制，针对农业生产突发事件的科技需求，制定特殊科技项目立项程序。

二是强化农业科技创新平台的支撑能力。整合现有的 2011 科技创新中心、工程技术研究中心、工程实验室、产业技术创新联盟等资源，打造若干个产业科技创新中心；统筹国家部委、浙江省的基础条件平台、创新服务平台等林业创新平台资源，对大型科学仪器、自然科技资源、科学数据、生态观测站、数据文献等资源进行梳理清查、优化整合，建设面向农业科技创新的一体化科技资源共享平台及"浙江省农业科技资源数据库""浙江省农业科技创新公共服务信息系统"。

三是强化农业科技创新政策的激励能力。推进涉农高校、科研院所的科研与服务基层评价体制改革，对省属涉农高校、科研院所的绩效评价，需充分考虑农业产业的属性、农业科技创新的规律，建立面向应用为导向的科研评价与奖励体系及其工作导向机制，进一步细化、完善考核评价指标体系，加大涉农高校、科研院所科技服务乡村振兴的考核指标比重。

（二）培育科技需求端的创新意识

科技创新的需求能力受产业的转型发展、人员的素质能力等要素的影响。促进科技进乡村，关键在于增强农业产业发展对科技的需求动能。

一是支持和激励农业企业创新发展。通过国家科技计划和专项等支持龙头企业开展农产品加工关键和共性技术研发，落实龙头企业自主创新的各项税收优惠政策，鼓励其开展新品种、新技术和新工艺研发，鼓励龙头企业引进国外技术设备开展集成创新，鼓励龙头企业积极引进高层次人才，并享受当地政府人才引进待遇。

二是促进农业产业集群化发展。以产业集聚化发展的思路，以现代农业园区为依托，以农业产业带、现代农业综合体、国家农业公园、农业产业化特色小镇为载体，推进农业产业的集聚化和集群化发展。积极推动区域品牌公共形象的设计、应用和推广、营销，以品牌战略全面提升浙江省农产品的品质形象，提高品牌的增加值。

三是培育新型农业经营主体。将发展多类型适度规模经营的家庭农场、农民专业合作社、农业企业等新型农业经营主体和培育新型职业农民作为主攻方向，促进农业土地流转，着力构建适度规模化家庭经营、产业化合作经营和公司化企业经营相结合的新型农业经营体系。

（三）提高科技服务端的支撑能力

科技服务的支撑能力受知识传递渠道、平台以及人才队伍等要素的影响。促进科技进乡村，核心在于增强科技服务机构、市场、机制的保障能力。

一是培育和支持新型农业社会化服务组织。加强农业科技中介机构的能力和环境建设，促进农业科技中介机构服务能力的提高，营造有利于农业科技中介机构发展的良好环境。开展农业和农村科技咨询机构资质评价试点工作，建立农业科技中介机构的资格认证制度和信誉评价体系，规范农业科技中介机构的管理。

二是合理有效利用乡村各种传播媒介。举办多种多样的推广现场会，利用农村集市庙会，组织科技大蓬车和利用各种媒体如电视、广播、报纸、杂志，印发明白纸、招贴画等形式，推广农业新技术和其他涉农信息，加深农民印象，增加农业科技知识的宣传力度。在一些经济相对发达的沿海农村地区，重点发展农业信息网络，使新媒介在农业信息推广中发挥优势。

三是支持科技特派员深度参与地方建设发展。鼓励科技特派员挂职科技副（乡）镇长、驻村第一书记，团队科技特派员首席专家可列席县农业常委会相关会议，定期邀请科技特派员参加派驻地农业农村发展、主导产业培育发展规划等专题研讨会。进一步提升科技特派员在服务地方乡村振兴和经济发展中的咨询建议权和话语权。在省级成果转化资金中谋划设立科技特派员产业创新引导资金，引导支持科技特派员到基层创新创业。

二、"三类"同点聚力，促进资金进乡村

资金进乡村，按渠道来源类型来分，主要分为财政资金、金融资金、社会资金三大类型（以下简称"三类"）。促进资金进乡村，需"三类"资金同时聚焦发挥效力，各有侧重，各司其职，建立财政优先保障、金融重点倾斜、社会积极参与的多元投入格局。

（一）强化财政资金的保障能力

财政资金是乡村振兴资金来源的保障性、基础性、引导性渠道，主要在于发挥"四两拨千斤"的杠杆作用，以引导金融资金、社会资本参与到乡村振兴各项事业建设与发展中来。

一是提高预算内地方政府债券新增额度和增设乡村振兴专项债。适度倾斜债券发行额度，引导地方政府通过省政府发债融资，为乡村振兴提供资金支持；探索创设乡村振兴专项债券，允许省政府代地方政府发行乡村振兴专项债券，为乡村振兴

中的农业、农村基础设施募集资金。

二是整合涉农财政资金。统筹协调分属不同部门和领域的项目、试点和考核要求，加快打破支农资金条线管理的制度约束，将分布在各个部门、各个板块的财政涉农资金整合起来，增强市县政府自主统筹空间，提高项目实施效果和资金使用效率。

三是拓宽财政资金投入渠道。将大部分土地出让金用于支持乡村振兴的分配导向，推动地方划定土地出让金用于乡村振兴的最低比例。适度提高地方政府债务限额，支持其通过发行一般性债券筹集乡村振兴资金，稳步推进地方政府专项债券管理改革，试点发行项目融资和收益自平衡的专项债券，支持有一定收益的乡村公益性项目建设。

（二）创新金融资金的支持机制

金融机构必须根据乡村振兴战略规划中的实施项目和农村经济组织的特点，进一步丰富金融业务和产品、完善服务机制、创新服务方式、优化生态环境等。

一是创新金融服务方式。坚持商业性金融、合作性金融、政策性金融相结合，扩大农村金融服务规模和覆盖面，创新农村金融服务模式。探索"农业价值链＋互联网金融"的农村互联网金融发展方式，利用互联网技术，全方位地为价值链上的节点企业和农户提供融资服务，实现整个农业价值链的不断增值。实现资金流、信息流和物流的统一。

二是创新金融信贷产品。以金融科技应用为手段，开发与农村新型经济组织生产经营状况、资产情况、财务情况等特点相适应的融资产品，满足农村经济组织的融资需求。推进新型农业经营主体和小农发展融资。鼓励创新大型农机具、农业生产设施抵押、林权抵押、供应链融资等金融产品，增加涉农信贷投放；支持发展

"公司+农户"、村级互助担保基金担保贷款等信用共同体融资模式；促进小农融入现代农业生产体系。

三是筹建浙江省农业科技支行。由省农村信用合作社、农业发展银行等金融机构为主体，以股权投资的方式引进社会资本，联合筹建浙江省农业科技支行，更好地为科技型中小微企业提供专业、专注、高效的金融服务，扶持科技型中小微企业快速发展。

（三）规范社会资金的流通方式

充分发挥浙江民营经济发达、民间社会资金雄厚的优势，引导与规范各类社会资金投身于乡村产业发展。

一是引导社会资金参与乡村长期经营。在乡村投资建设中，引进项目投融资管理机制，将乡村的人居、基础设施、人口、土地、自然、文化等资源做一个整体的规划设计，真正打包成一个乡村经营的品牌化项目，让社会资金在乡村能够沉淀下来，以持续的效益不断吸引社会资金投入乡村建设。

二是引导民间社会资本有序投向农业高新产业。鼓励民间资本参与设立小额贷款公司、融资性担保公司、股权投资基金、融资租赁公司、典当行等各类融资服务组织，并重点投向农业科技型中小微企业和高新技术项目。适时考虑设立区科技金融服务公司，着力规范民间金融秩序和有效投入。

三是筹建浙江县域民间资金互助联合会。以县为单位，筹建浙江县域民间资金互助联合会（简称"农资会"），按照"稳收益、无抵押、短周期、宽覆盖"的运行原则，吸引农村集体资金、农业龙头企业资金、农民个人资金入会，做大县域"农资会"的资金规模，建立基础性利息制度，保障资金的稳定收益；实施无抵押的借贷模式，实现借贷更加便捷、资本更加低廉、对象更加宽广。

三、"三步"同时发力，促进青年回农村

青年是乡村人才振兴的核心群体，是乡村振兴的主力军。促进青年回农村，关键在于构建起"引得进、用得好、留得住"的三大步骤的协调发力机制，从而使广大青年在思想观念上想回归农村，在行动实践上想创业在农村，在安居乐业上想扎根在农村。

（一）定向引导青年回流农村

青年回农村，首先要改变人才由农村向城市单向流动的不可循环的现象，把通过上学、参军、经商等多种方式离开乡村、在城市里得到很好发展的青年才俊，想方设法给"引回来"，实现青年人才回流。

一是实施"乡村振兴青年+"行动计划。"青年+"通过"+技术""+教育""+社会工作"等形式来进一步推动乡村振兴，即促进青年在农村教育、农村技术传播、农村社会工作、农村社区治理等诸多方面发挥应有的作用和功能。

二是培养储备一批立志返乡的"知农"。在高校涉农专业中，面向基层定向培养更多农业农村人才，探索开展公费涉农本科生、研究生的招生试点，毕业后回到户籍所在地。

三是创造条件吸引青年大学生返乡。打通人才回流渠道，修订有关法律和制度，对于因上学将户口迁出去的返乡创业青年，允许将户籍关系迁回农村，实现"非"转"农"，允许将党员组织关系迁回村里的党组织，促进参与乡村党建。

（二）大力扶持青年立业农村

充分发挥乡村青年人才在经济社会发展中的带头作用，需要有相应的产业支撑、

平台依托、政策支持。

一是发展区域乡村特质产业。通过区域农业产业的发展布局吸引青年人才、使用青年人才，重点扶持乡村特色产业，实施"一县一品""一县一产"等农业产业品牌塑造工程，大力发展区域特色农业、品牌农业，促进农村一二三产业融合发展。

二是搭建青年创业发展平台。支持地方开展农村青年创业创新示范点活动，创建农民创新园区，搭建农民网上创业平台，引导青年人领办或创办合作社、家庭农场等。设立县域电商创业孵化园区，免费提供创业场地和培训、信贷、加工仓储物流的配套支持，让更多青年想创业、能创业。

三是优化青年创业扶持政策。地方政府通过改革政府财政投入方式，以"拨改投""拨改贷""拨改保"等方式加强融资支持，联合金融机构设立创业投资服务中心，设立专门针对农村青年人才的贷款、保险支持政策，提供与城镇职工相等的医疗养老保险。进一步深化创新农村集体产权制度改革，允许符合一定门槛的返乡下乡创业青年进入农村集体经济组织，允许已经进城落户的农民将其宅基地和住房转让给返乡下乡创业的青年。

（三）着力优化青年发展环境

留住青年人才，创造良好的发展环境是关键，使青年人才因农村发展前景与机遇关注农村、留在农村。

一是健全人才激励政策。通过加大人才激励，对技术管理水平、解决农业生产和技术推广等实际问题以及带动农民群众脱贫致富的能力强，并具有特殊专长、突出贡献的青年，可以破格晋升和评定相应的技术职称。

二是完善乡村公共基础设施建设。加大乡村基础设施建设投入，推进城乡义务教育一体化发展，加快改造农村电网，提升农村网络保障水平，推进美丽乡村建设，致力于缩小城乡公共服务设施建设的差距，提高返乡下乡人员对乡村公共服务的认可度、接纳度，让他们能够安心留在乡村创业。

三是创新青年人才继续教育形式。在乡村青年人才继续教育组织形式上，创新和发展线上线下教育，可探索田间课堂、网络教室、手机 APP 等线上教学方式，可满足人们实现"随时学、随处学、随手用"的个性化需求，支持专业技术协会、农民专业合作社、农业龙头企业等主体承担线下实践教育，将生产实践的技术示范与实践学习有机结合起来，更具有说服力。

四、"三链"同向施力，促进乡贤回农村

乡贤回农村，需要同时筑起乡愁链、创新机制链、融合文化链（简称"三链"）。促使"三链"同向施力，凝聚起乡贤回归农村、反哺家乡、振兴乡村的强大力量。

（一）以乡愁链牵动乡贤回乡

乡村通过打感情牌和改善环境两个方面，留住其中乡愁，筑起乡愁链，牵动乡贤思乡之弦，是吸引乡贤回农村的重要途径。

一是建立常态化的联络机制。按地区与重要乡贤建立对接联系制度，让村里威望较高的老人、村干部、党员等人员，利用传统佳节，与乡贤保持日常的情感沟通。

二是建立全域化的选聘机制。县级政府应当制定本区域乡贤选聘制度，通过一定的程序对乡贤实行荣誉聘任，选聘优秀的返乡贤达担任乡村治理者的助理、顾问等职务，邀请乡贤担任县级政协委员，赋予其头衔，使其执行事务有名号所依。

三是建立品牌化的活动机制。鼓励乡镇政府定期举行本地区的乡贤大会，邀请国内外乡贤代表回乡参会，通报本地区经济社会发展，尤其是乡贤可以参与或支持

的重大设施建设；引导各地商会关爱乡村老人生活、乡村青年成长，面向乡村留守老人开展送温暖活动，面向乡村青年开展送服务活动，让老人、青年都能感受乡愁的温情。

（二）以机制链驱动乡贤回乡

乡贤回归农村，只是一项基础性工作，更应通过机制建设，引导乡贤服务家乡、报效家乡。

一是激活乡贤回归的动力机制。建立现代乡贤荣誉激励机制，对于像乡贤理事会这样的乡贤组织进行全方位评选，对取得良好治理绩效的乡贤参事会应给予适当表彰奖励，以激发他们更多的积极性和主动性；有条件的地方还可以以村歌、村史、公德榜、乡贤祠等形式，把乡贤公德载入史册；让那些杰出的乡贤能够加入党组织，使他们得到政治身份的认同，并支持他们参加村干部选举，还可以推行杰出乡贤"挂职村干部""乡（镇）长顾问"等制度。

二是夯实乡贤服务的参与机制。鼓励建立乡贤理事会与乡贤参事会，让其成为乡村治理的智囊团，并与村民自治委员会整合在一起，成为乡村发展决策委员会。充分发挥乡贤参事会的决策咨询、监督评议、民情反馈等功能，通过各种方式参与公共事务管理，帮助乡村"两委"进行科学决策。

三是培育乡贤治理的协同机制。为了更好地带动村民参与乡村治理，乡贤可以依靠个人人格魅力和威信，通过不同渠道，适时成立符合农村实际的组织，根据乡村事务的类别，成立如道路维护队、环境整治队、水利修缮队等组织，推进公共服务事业和公共基础设施的稳定运行，激发和凝聚共同利益意识，形成多元主体、多元共治的良好合力。

（三）以文化链拉动乡贤回乡

一是加强乡贤文化引领。乡贤助力乡村发展是乡村文化建设的重要层面，乡贤就成为"乡风文明"建设的重要参数，有助于乡村美誉度的提升。村支部、村委会将乡贤文化融入乡风文明建设中，融入美丽乡村建设中，在全社会营造敬贤、重贤、思贤、学贤的浓厚氛围，让乡贤回归乡村充满获得感。

二是大力选树乡贤典型。为此需要通过报刊、电视、广播、网络等新闻媒体对乡贤以及乡贤为乡村发展做出的贡献进行报道，在扩大乡贤知名度的同时，也提高乡村的知名度。乡村可以设立"公德名册"，与村志整合在一起，详细记录乡贤为乡村发展做出的贡献。

三是积极解决乡贤住房问题。鼓励乡贤依托自有和闲置农房院落，或者和当地农民合作改建自住房用来居住及发展相关产业，让乡贤在乡下有养老房产的规划，用房子和乡村优质山水资源吸引他们留在当地长期发展。以村规民约的形式，探索乡贤"公益贡献积分制"，积分用于兑换宅基地等，既引导乡贤反哺家乡，又为乡贤回归增强保障。

作者简介

周晓光，男，1983年生，副教授，现任浙江农林大学学生工作处处长，兼任中国林学会青年工作委员会副秘书长，长期从事"三农"政策与科技管理研究。撰写的研究报告多次被农业农村部、浙江省人民政府等上级主管部门采纳。获得省部级领导批示2项，出版专著3部，发表各类论文10余篇。

黑龙江林业产业发展调研报告

李 彦 等

（中国林学会学术部工程师）

2019年9月16—20日，中国林学会组织来自东北林业大学、黑龙江省林学会、黑龙江省林业科学研究院、浙江农林大学的专家赴黑龙江省哈尔滨市、农垦九三分局、大兴安岭及黑河等地专题考察调研寒冷地区林业产业发展情况。期间，调研组与地方林业和草原局、林科院等单位相关负责人、技术骨干召开交流会6次，与农场主、种植大户、基层农技推广人员、林业企业负责人等开展座谈会12次，实地考察主导产业的种植示范基地、农场、林场、龙头企业等地15处，掌握一手资料，了解一线情况，形成了黑龙江省（大兴安岭、黑河市）林业产业发展调研报告。

一、基本情况

（一）大兴安岭林业产业发展情况

1. 产业布局

大兴安岭地区按照市场化经营理念逐步开展产业建设工作，按照市场价格调节、市场需求供给不断调整发展方向。重点扶持金莲花等本地药材种植和蜜蜂养殖，着

---

* 中国科协"百千万"服务重点区域创新发展行动调研报告。

重培育一批起示范带头作用的企业和大户。扶持发展北药产业，共扶持职工种植赤芍、白芍、五味子、苍术、白鲜皮、防风、还魂草、水飞蓟等 6 000 余亩。同时，结合林下资源分布情况，因地制宜抚育野生五味子 7 000 亩。新种植沙棘 128 亩、防风 100 亩、蓝靛果 100 亩、水飞蓟 3 750 亩、白芍 60 亩、苍术 15 亩。

2. "北货南下"市场

当前，"北货南下"工作建设完成"揭阳大兴安岭绿色产品旗舰店"2 家，引导 20 余家会员企业 8 大系列 200 余种产品入驻到旗舰店销售，联合会组织专门人员制作宣传推介片 1 部，在旗舰店室外大屏幕循环播放，共接待顾客 2 100 余人次，开展线下推介活动 5 次，发放宣传资料 4 000 余份，让揭阳百姓了解了大兴安岭和大兴安岭绿色产品，为两地市的合作迈出了坚实的一步。

3. 中药材产业

2018 年，大兴安岭地区中药材产业实现产值 3.38 亿元。种植中药材 38 个品种，种植面积达 5.1 万亩，完成抚育野生药材 4.7 万亩，该区实现医药加工产值 2.35 亿元。该区全口径统计种植中药材包括 45 个品种，种植地块 911 处，总面积达 10 万亩，主要品种为：沙棘 2.09 万亩、水飞蓟 1.87 万亩、赤芍 1.43 万亩、金莲花 0.84 万亩、黄芪 0.72 万亩、防风 0.49 万亩、五味子 0.46 万亩、还魂草 0.4 万亩。

4. 森林公园

近年来，大兴安岭林区充分利用森林的多功能性，大力加强生态旅游建设，取得了一定的社会效益和生态效益。现已建成不同类型、不同层次的森林公园 4 个，其中，国家级 3 个、省级 1 个，分别为北极村国家森林公园、呼中国家森林公园、加格达奇国家森林公园、黑龙江扎林库尔省级森林公园。地方政府投入大量资金，进行配套的基础设施和人文景观建设。据统计，从建园开始到现在，林区森林公园总投入累计达 5.9 亿元。

（二）黑河市林业产业发展情况

1. 生态经济林产业

该市将生态建设与产业发展结合，不断发挥对俄引种和科技合作优势，打造高纬寒地小浆果基地，突出发展以沙棘、蓝靛果、蓝莓、坚果等为代表的生态经济林产业。浆果类种植面积7.95万亩，坚果类种植面积3.98万亩。其中，孙吴县大果沙棘种植面积3.86万亩，蓝靛果种植面积8 585亩；嫩江县西伯利亚杏种植面积4 481亩；逊克县蓝莓种植面积2 600亩。

2. 北药产业

该市北药种植面积合计10.3万亩，确定了苍术、赤芍、白鲜皮、升麻、苦参、防风、大力子、金莲花、还魂草、柴胡10种道地药材为今后重点发展的北药品种。逊克县专门组建了北药开发办公室。嫩江县于2018年底成立北药协会，入会会员80余人，并自主育苗700亩，以逐步解决北药种苗成本高的问题。

3. 食用菌产业

该市现有食用菌企业1家，合作社47个。2019年已生产食用菌菌包2 692万袋，其中林业用地1 931万袋。以五大连池市明家、孙吴县黑森菌业、镇南食用菌、逊克县鼎鑫公社、宝山清义、爱辉区大兵为代表的食用菌合作社经营良好，生产的黑木耳和沙棘木耳已远销北京、上海等一线城市并深受消费者喜爱。

4. 林业龙头企业

该市现有林业龙头企业6家，其中国家级1家、省级5家。龙头企业的带动，促进了林农种植的积极性，初步形成了"企业＋基地"的发展格局。黑龙江省长乐山大果沙棘开发有限公司生产销售沙棘果汁、原浆、冰酒、沙棘果油等三大系列60余个品种，年生产能力5 000 t，年收获鲜果1 000 t，实际年加工量100 t，是当地年产沙棘鲜果的1/10。

二、主要问题

（一）林业产业结构不合理，主导产业不突出

黑龙江省林业产业发展的突出问题主要表现在大森林、低产出，大林业、小产业，没有将资源优势转化为经济优势。2018年，第一产业的速生丰产林整地产值占总量的51.9%；第二产业的浆果、北药和绿色食品加工产值仅占总量的13.7%，其他产业小规模、低水平、分散化；而作为第三产业的森林旅游业还处于起步阶段。

（二）林业体制机制不灵活，政策支持少

林业管理体制固化，经营机制不灵活，林业部门一直坚持生态保护优先、注重生态效益，把多争取国家投入、管好看好森林作为中心工作，认为发展林产经济投入大、见效慢、非主业的思想依然存在。受林地合理开发利用政策制约、林业产业补贴层面窄、资金信贷政策门槛高、森林保险进展实施缓慢等影响，林业职工投资、社会资金，尤其是招商引资参与林产经济发展积极性不高。

（三）龙头企业拉动力不足，基地规模较小

通过调研15家涉林龙头企业，总体来看，黑龙江涉林企业综合实力不强，均未达到规模企业标准，知名度不高，且多以小浆果加工为主，产品趋同，北药、食用菌等大部分以粗加工和原材料出售为主，缺乏市场竞争力强的品牌产品。龙头企业带动产业发展的动力还不够，主要表现在产业化水平较低，产业链条不长，尚未形成辐射范围广、带动力强、具有市场竞争优势的林业产业。

（四）基础建设滞后，科技支撑能力较差

受基础设施建设相对滞后、人才队伍相对薄弱的制约，黑龙江省部分地区林业科技对林业产业发展贡献率较低。受地域和气候等客观因素影响，林业产业发展服务体系建设滞后，产业技术、信息、生产资料等服务体系不够完善，存储能力和流通服务水平相对较差。从业人员素质不高，掌握科学种植、生产、加工的技术能力较低，缺乏科学的种植技术，长期以来形成了粗放经营、广种薄收的局面。

（五）林业投入总量匮乏、结构不合理、金融市场不成熟

资金总量的匮乏从各个角度制约了大兴安岭林区经济的可持续发展，更加无法适应林区建设的速度。投资总量严重匮乏，使得林区不得不重视第一产业的发展，然而第一产业中木材采运占比过高，营林生产业薄弱，过度采运而忽视营林导致林木数量减少、森林质量下降。同时，资金的匮乏导致生产力落后，进而使得第二产业中生活用品、餐饮用品生产的比重过高，金融服务的优质产品、精加工产品、高科技产品甚少。旅游业、对外贸易行业等需要资金支持与建设的第三产业对林区经济的贡献更是微弱，制约第三产业的发展。

三、总体建议

（一）推进林业产业结构调整，分类发展主导产业

1. 突出发展寒地林果产业

依托与俄毗邻和引进优势，走做细引种基地，做大繁育基地，做强推广种植基地，做精加工产品的产业发展之路。建设沿黑龙江爱辉—孙吴—逊克以蓝靛果为主，花楸、穗醋栗、大果沙棘、榛子等多品种搭配的高纬寒地特色林果产业集群。通过

对野生蓝莓和野生榛子资源采取保护培育与合理采集利用、加快优良种苗繁育和大力推进优质示范栽培基地建设等措施。

2. 做大做强道地北药产业

科学规划，规模发展，建立标准化北药栽培基地，建设逊克—孙吴—爱辉—嫩江北药种植带，打造"中国北药之乡"。采取"大户引导、群体跟进"的措施，大力推广北五味子、赤芍、防风、水飞蓟、板蓝根等优质品种栽培。积极开发保健精深加工产品，确立开发五味子、黄芪、苍术、赤芍等为主的道地中药品牌。以产地初加工、饮片加工及提取物加工为核心，优化加工技术，提高加工水平和产品品质，争创精品名牌，力争使之成为全国乃至世界知名品牌，扩大销售市场，增加附加值。

3. 继续壮大林下养殖产业

利用林下良好生态环境资源，建设林下养殖标准化产业基地，借助现代林业技术，改进林下养殖产品品质。通过典型示范、技术改良、品牌经营，进一步提升林下养殖产业化水平，带动职工及农民增收致富。积极引进战略投资者，强化与广东投资商会、温氏集团等有实力有投资意愿的企业合作，不断扩大林下猪、鸡以及梅花鹿等的养殖规模，促进相关企业打造养加销一体化的产业链条。

（二）大力推进林业创新资源整合，形成产业扶持合力

1. 强化政策扶持

各级政府要结合本地实际，制定切实可行的各种优惠政策，在土地审批、林地合理利用等方面给予支持，支持林业产业发展。一是强化政策扶持。积极做好向上争取工作，争取设立市县两级政府林业产业发展基金，促进林业产业加快发展。依托与俄罗斯林业科研部门合作优势，积极为政府科学决策提供对策和建议。二是完善林业产业优惠税费政策。与税务部门协调好关系，争取长期实行并进一步采取税

费优惠措施。三是加强对林业产业的金融和信贷支持。争取适当延长贷款期限，争取优惠利率，稳定财政贴息政策；落实林地、林木资源抵押政策；鼓励保险公司对林业企业、林农的种植、养殖、加工开展优惠性保险，避免因灾害致贫。四是促进全社会参与林业产业开发。实行独资、合资、联营、股份制等多渠道投入资金和多种模式经营机制，增强林业产业发展后劲。

2. 提供技术支撑

加强技术创新，增强产业发展后劲。以提升产品质量、提高产业效益、增加农民收入为目标，加强中药材生产技术研究开发和推广应用。继续加强与大兴安岭农林科学院、相关科研部门的合作，有计划地组织企业和药农采取"走出去和请进来"的方式，多渠道开展技术培训。发挥呼玛县北药办的牵头作用，由农业技术推广中心、农机总站、中草药种植能人组成技术服务组和研发组，从种、管、收、晾、储各个环节开展服务，做好中药材基础性、应用性理论研究和开发，特别是重点抓好中药材规范化种植技术、中药材优良品种选育和繁育、病虫害防治与中药材无公害种植配套等新技术研究和开发，加快新成果、新技术的应用转化和推广工作。大力研发和推广中药材种植、采收和初加工机械，提高中药材机械化作业水平，降低农民劳动强度，提高劳动效率。

3. 健全服务体系

充分发挥科技推广机构和协会的作用，联系高校科研院所，建立健全多层次全方位的产业服务体系。重点在基地建设、技术服务、市场信息、产品开发、产品销售等方面为企业、合作社和林农服务。通过"互联网＋林业""互联网＋生态"等形式，加强林业产业技术培训，引进高端科技人才与技术，以科技为支撑，进一步提高林业产品科技含量，全力创建和打造自主品牌，增强市场竞争力。

（三）推进林业产业标准建设，提升产品质量

1. 加强林业产品品牌建设

推广使用"大兴安岭＋企业商标"双品牌，在不失企业自主风格的基础上，凸显产品的"大兴安岭"地域特色，逐步实现产品生产、包装、品牌、营销的"四统一"。加大培育"长乐山""爱辉山珍""蓝立方""蓝妃子"等具有高纬寒地、绿色有机、原生态、地域特点的品牌，让产品热销北上广深中高端市场，加快产地认证，对新获得"中国驰名商标""中国质量奖""国家地理标志保护产品"称号的企业，按照有关规定给予奖励。

2. 开展道地中药材产品的原产地认证和保护

加快对金莲花、芍药等道地品种的 GAP 认证，重点选择 5 种道地中药材品种先期进行 GAP 研究开发，组织力量进行规范化技术攻关，在此基础上制订标准操作规程，依托呼玛县农产品检验检测中心，加强中药材产品的检验检测工作，加强生产全过程的监督、检测，提高中药材的质量和稳定性，确保中药材安全、有效、稳定、可控，确保用好的品质占领市场、引导市场。

3. 加强市场营销体系建设

将电商产业作为市场开发的强力支撑，积极发展"互联网＋"营销模式，降低对传统销售渠道的依赖，加强产业信息交流平台建设，实现与国内主要市场的信息实时对接，组织企业参加各种展会，开展宣传推介女。充分发挥旗舰店、电商网络门店、"北极珍品汇"等平台作用，增加入驻门店和平台的产品种类和数量。做好电商培训工作，培育网红经济，建议有条件的县区考虑建设共享工厂。

(四)大力发展森林（生态）旅游

1. 深度挖掘优美景观，增加森林公园数量

大兴安岭作为我国最大的国有原始林区，全面停止商业性采伐后，森林旅游将成为主导产业，应该加大审批力度，把优质景区景点纳入森林公园。林区还有许多优美景观有待深度发掘，如图强林业局的龙江第一湾、天然黑桦林、乌苏里浅滩、垂钓湖等，以及阿木尔林业局的古城岛、韩家园林业局的日军侵华遗址、新林林业局的原始林等风景资源都极具保存价值。

2. 建立明晰的管理机构，形成顺畅的管理体制

建议成立地县两级森林公园管理机构，对原有森林公园的管理机构进行重新整合定位，建立独立的森林公园管理机构。地区成立正处级森林公园管理机构，国家级森林公园成立管理机构，进一步理顺体制，明确各自的职责权限，上下级隶属清晰，争取更多的优惠政策、资金，打破瓶颈制约，促进森林公园蓬勃发展。

3. 建立长效的发展和投入机制

采取"政府主导、市场运作、企业跟进"的方法，打破行业和地区界限，实行所有权、管理权、经营权"三权"分离。通过出让经营权租赁开发、委托开发、招标开发、无偿转让开发等办法，形成全方位、多层次、多形式开发建设的新局面，实现经济效益、社会效益、生态效益的统一。引入市场机制，拓宽融资渠道，采取政府投入一点、区局筹措一点、招商引资一点、社会融资一点的办法，筹集旅游发展基金。

(五)完善林业金融市场，优化林业资金投入

1. 组建主营林业的政策性金融机构

站在国家宏观战略发展的角度，增加对林业经济的政策性金融支持强度。尽管

大兴安岭林区目前也在办理各项经济发展所需要的贷款，但他们均由中国农业银行、中国农业发展银行、国家开发银行代办。这种代理制存在难以克服的严重缺陷，对林业经济扶持力度非常有限。由此可见，林业政策性银行的职能作用是其他金融机构不可替代的。

2. 改善金融融资模式

原本应该由财政投资、公营机构投入发展的林业经济项目可以由政府通过转让权利的方式承包给国外商家和私营机构，得到政府授权的一方可以是世界各国的财团，也可以是中国的民营企业。这样的融资形式最突出的特征是"以物引资"。能够采纳这种融资形式来处理资金匮乏问题的可以是大兴安岭林区经济发展中的商品林，因为这一项工程涉猎林业经济中的构建、经营、转让3个阶段，投资者收回本金以及获得利润要经过长时间的建设和经营进程，因此，风险也相对较高，相应的投资者期望得到的回报也较大。

3. 完善资本市场体系

一是建立能够促进大兴安岭林业经济可持续发展的债券市场。国家应鼓励和扶持符合促进大兴安岭地区林业经济发展条件的林业企业通过发行企业债券进行筹资。二是加快林业经济发展中股票市场的发展，促进林业企业上市融资能有效缓解林业经济发展过程中资金匮乏的现象，足额的、权利性的发展资金可以通过上市企业发行股票、增资扩股或配股取得，获利能力和抗风险能力也将明显加强，除此之外生产架构也会不停优化。三是创建林业经济可持续发展中的产业投资基金，主要投资给致力于林业经济发展的非上市公司，通过向多数投资者发售基金份额创建收益共享、风险共担的投融资制度，共同促成大兴安岭林区经济可持续发展。

作者简介

李彦，男，1989年生，工程师，主要从事林业学术交流、创新驱动助力工程和林下经济、森林培育研究等方面工作。兼任中国林学会林下经济分会副秘书长、青年工作委员会副秘书长、宁波服务站副秘书长等。近年来，主持并参与中国科协、国家林业和草原局等省部级项目6项，组织并参与各类重大专项调研10余次；参与制定行业标准2项、中国林学会团体标准1项；参编著作5部；获省部级科技进步三等奖1次。

曾祥谓，男，中国林学会学术部主任，教授级高工。

周晓光，男，浙江农林大学学生工作处处长，副教授。

红松果林产业发展现状与对策

于文喜[1]　李立华[2]

（1.黑龙江省林业科学院科技处处长、研究员；2.黑龙江省林业和草原局三北林业建设服务站二级调研员、教授级高工）

红松（*Pinus koraiensis*）是松科松属大乔木树种，集大径用材林、经济林和生态公益林三林种功能于一身，不仅是我国东北林区珍贵用材树种，也是东北林区最具有发展前途的果用经济林乡土树种。近60年以来，红松一直是按照用材林来进行培育的，所有的理论与技术也都围绕用材林培育来开展。但随着我国森林资源的变化和林业政策的调整，单纯培育红松用材林已不能适应可持续发展的要求。特别是20世纪90年代初期。受到国际、国内市场上红松松子需求增大、价格猛增的刺激，人们开始认识到红松果林培育的重要性。近十几年，在红松种仁产业的拉动下，红松果材兼用林、坚果专用林等果林培育逐步兴起，已经得到广泛认可，发展的势头旺盛，并且成为东北林区发展林下经济的重点产业。但是，随着红松果林的大规模经营，在生产实践中出现了忽视其生态功能和木材生产功能的现象，问题十分突出。这些问题不仅关系到红松果林产业的未来发展，而且直接关系到我国的木材安全保障以及生态功能的发挥。专家学者和经营管理者呼吁，必须采取有力措施，保护好"红松的绿水青山"，经营好"红松的金山银山"。

---

* 红松培育与果林产业重大问题专项调研报告。

一、红松的食用价值

据记载,松属树种中约有 30 个树种生产的种子适合于食用。但目前仅有 5 种是具有商业价值的松子生产树种,分别是亚洲的红松(*P. koraiensis*)、新疆五针松(*P. sibirica*)、意大利石松(*P. pinea*)、西藏白皮松(*P. gerardiana*)和北美的果松[包括单叶食松(*P. monophylla*)和科罗拉多食松(*P. edulis*)]。经济价值中等,但在一定范围内有影响的种类还有亚洲的华山松(*P. armandii*)、偃松(*P. pumila*)等。红松松子除具有食用价值外,其种仁含油量为 70% 左右,种仁油中至少含有 11 种以上的脂肪酸成分,不饱和脂肪酸含量达 85% 以上,食用价值和医疗滋补功效极高。特别是红松松子油中有非常高含量的松油酸,每 100 g 含量达到 9.55 g,是人类自身无法合成且必需的脂肪酸,其他食用松与之无法相比。

红松主要分布在中国东北的小兴安岭到长白山一带,国外只分布在俄罗斯远东、日本北部、朝鲜半岛中北部区域。红松松子在世界食用松市场上占有相当大的份额。在丰年,全世界生产的商业松子只有 8 万 t 左右,其中红松松子可占松子总产量的 60% 以上,红松松子与世界其他食用松相比具有明显优势。中国约产红松松子 3 万 t/a,占全世界生产红松松子总产量的 60% 以上,而随着人们对天然绿色有机食品的食用量不断增加,市场的需求量越来越大,国内每年需求量约 10 万 t,国际需求量约 20 万 t。目前,我国生产的红松松子只占国际市场份额的 15% 左右,国内国际供需矛盾十分突出,红松松子开发潜力巨大。

二、红松果林产业发展现状

(一)红松果林培育现状

据不完全统计,我国红松人工林成林总面积约 36 万 hm^2,另外,在次生林中人工栽植的红松，黑龙江省有超过 80 万 hm²，吉林省有超过 20 万 hm²。虽然我国红松原始林和人工林面积基数很大，但能够大量结实的面积不到 5 万 ha²，仅占人工林面积的 10% 左右，并且产量很低，严重制约红松果林产业的发展。因此，到 20 世纪 90 年代中期，开始有了关于红松果林培育的生产实践，主要通过红松果材兼用林和坚果专用林两种途径进行培育。

1. 红松果材兼用林

红松过去以生产木材为主，现在都知道红松松子价值大大超过其木材价值，因此，林业上提出了果材兼用林经营的途径，也将此途径称为红松林的双向培育。红松果材兼用林即同时兼顾优质大径材和食用坚果生产的红松人工林，大部分红松林都可以作为果材兼用林培育，也可以称为对现有人工林的提质增效经营。主要经营方式有：人工林疏伐改造、天然林（红松 3 成）疏伐改造、冠下更新红松改造、人工植苗建立等等。黑龙江省和吉林省目前的红松果材兼用林面积已经达到 30 万 hm²，主要以林区分户承包为主，30 年生以上的红松果材兼用林，年均可产红松种子 $50 \text{ kg} \cdot \text{hm}^{-2}$，如果是丰年产量会显著提高。

2. 红松坚果专用林

红松坚果专用林就是以培育食用坚果为目标的红松人工林，木材生产和其他产品生产不在培育措施的考虑范围内，只是纯粹的副产品。俄罗斯一直对红松果林建设非常重视，在红松结实型优树的选择和培育，以及促进结实技术等方面取得了很多具有实际应用价值的经验和做法，已成功营建以结实型优树组成的无性系果园，筛选出了红松高产大果型无性系，比其他高产的无性系结实量提高了 24%～42%，并采用高枝嫁接建立无性系坚果园，15 年生的红松果林每公顷产种子 120～180 kg。朝鲜对红松果林也非常重视，在结实型优树的选择、嫁接、截干、修枝等方面取得了阶段性成果，对红松果林采取了截干、修枝等综合技术措施，15 年生红松果林年均产种子 150 kg·hm^{-2}。我国对红松坚果专用林培育的生产实践开展得较晚，研究的较少，在科研、生产等方面已远远落后于俄罗斯、朝鲜以及欧洲一些国家。

目前，东北林区开始营建红松坚果专用林，发展速度迅猛。综合现有资料和各地考察结果，红松嫁接育苗以改进的"新髓心形成层贴接法"最为成熟，效果最理想。为了提前结实和提高结实株率和结实量，采取成年母树穗条培育嫁接苗是坚果专用林建设的优化途径。据不完全统计，仅黑龙江省、吉林省的红松坚果专用林就达到 10 万 hm^2，并且以每年不低于 1 万 hm^2 的速度发展，现在已有少量林分结实，15 年生红松坚果专用林年均产种子可达 100 kg·hm^{-2}。

（二）红松种仁加工利用现状

近几年，红松种仁加工产业在我国不断发展壮大，涌现出吉林派诺生物技术股份有限公司（原吉林红松宝集团）等一批从事红松子系列产品精深加工的高新技术企业，并且出现了"墙内开花墙外红"的现象。主要产品包括松子原油、松子食用油、松子酱、松子粉、松子酒、松果布丁、松仁露、红松宝抗癌胶囊、保健胶丸、纤丽胶丸、抗体护肤精华液等在内的共 70 余个品种。没有红松资源的吉林省梅河口市，从 20 世纪 70 年代末开始，对长白山、小兴安岭出产的红松子进行收购、加工和销售，如今具有一定规模的各类果仁加工企业已达 175 家，年加工在 1 000 t 以上的企业有 9 家，这些企业常年加工红松子约 3 万 t，年创产值 30 多亿元。梅河口加工的松子仁占国内市场份额的 80%，国际市场份额的 60%，松子"梅河价"已成为国内、国际市场的基准价。梅河口被国际树生果仁协会认定为世界最大的松仁加工销售集散地，成为闻名全国和世界的"松仁之乡"，将松仁精深加工做成了一个大产业，现在已经形成了规模化、产业化、品牌化发展格局。

三、红松果林产业存在的问题

(一)红松果材兼用林培育存在的问题

虽然红松果材兼用林的培育快速提高了红松的结实量,获得显著的经济效益,但是生产经营中也出现很多问题。一是各生产单位对红松果林产业高度重视,但基层林业单位在对红松果材兼用林培育时,并没有统一的技术标准,没有科学的透光和疏伐技术支撑。二是很多地方"栽针保阔"形成的混交林,为了生产红松种子,已经把其中的阔叶树全部砍光,使得恢复中的针阔混交林又变成了红松纯林,背离了"栽针保阔"恢复与重建阔叶红松混交林的初衷。三是有些地区过分追求种子产量,在树干较低的位置进行了截头处理,或为了促进结实,盲目采取人工截顶促杈、抑制顶端优势等措施,导致木材产量和质量大大降低,严重影响了森林经营的综合效益和木材生产战略。有些专家学者和经营管理者把这种经营方式称为"经济矮林",并提出如果不采取限制措施,红松的天然或人工用材林将不复存在,红松森林资源将面临严重危机。因此,许多从事森林经营的管理者和学者们反对这种果材兼用林的培育途径。通过与部分持反对意见的专家交流发现,他们并不是反对果材兼用林的培育途径,而是反对现实生产中这种过分强调生产种子而忽视培育优质木材的做法。可见,培育果材兼用林的途径本身是好的,但兼用功能的主次地位和程度必须明确。在当前我国森林质量低、效益差、木材紧缺的背景条件下,对于红松这类国家一级商品材的树种,其生产木材目标应提升到战略安全的高度,在保证木材生产的前提下,才可以考虑种子生产。

(二)红松坚果专用林培育存在的问题

目前,红松坚果专用林培育的实践和研究都已得到各方的广泛关注,但仍存在各种问题。一是缺乏良种，红松嫁接苗的接穗主要从一般人工林中已结实的林木上采集，并非来自种子高产之优树，即接穗是未经目标性状选择的材料，缺少可靠的遗传基础，无法保证果林高结实量。二是红松坚果专用林没有按照矮化密植的模式经营，严重影响结实，很难实现高产稳产。三是母树林建立缺乏科学的无性系配置方法，数量不足，栽植设计不合理，缺乏长远效应，建设质量不高。另外，不重视建园后的经营管理，特别是肥水管理和病虫害防治，致使母树生长不良，生殖生长推迟，严重影响种子产量。

（三）红松食用松加工存在的问题

红松从树顶的种子到针叶、花粉、果鳞、树皮、树脂，直至地下的树根都具有各自的用途和经济价值。研究证明："1 kg 红松塔，皮占 75%、子占 25%，全产业链开发，可创产值 360 元。"以红松塔为原料，可以打造 3 个链条：外链条，即以松塔皮为原料，可以提取天然香料"乙酸龙脑酯"，天然抗氧化、抗衰老保健品"松多芬"，松子壳可提取天然香料和色素。这些产品的价格是 0.5 万～1.8 万元·kg^{-1}。以松塔皮、松子壳等加工剩余物生产的松炭枕芯，每个售价 150 元。内链条，即以松塔加工松子仁，以松子仁加工松仁油，售价为 0.8 万元·kg^{-1}；再以松仁油提取卵磷脂，售价为 1.8 万元·kg^{-1}；松仁还可加工松仁粉、蛋白粉等产品。衍生链条，即利用松仁加工菜肴、糖果、副食品等等。人们一向只注重红松子的直接食用和产销，而没有意识到红松球果全身是宝，在红松的食用松加工方面存在很大的局限性。

四、红松果林产业发展对策

（一）明确培育目标及其发展对象和区域

红松是一个具有重要生态建设功能、木材生产功能和食用松生产功能的多功能树种，不能片面重视其中的某个功能而忽视其他功能，应该把果林培育纳入整个红松培育体系中，统筹规划，合理经营，明确培育目标及其发展对象和区域。虽然红松坚果专用林的培育已经得到广泛的认同，但要清醒认识到，红松坚果专用林对立地条件要求高，必须集约经营，且初期投资较高，技术操作比常规造林复杂。因此，需要从近期效益和长远效益、生态效益和经济效益、企业利益和个人利益等方面统筹考虑，综合平衡，所以提出了红松人工林按区域划分进行定向培育的策略。

1. 深山区

深山区是指森林开发相对较晚的区域，其特点是：依旧保留原始阔叶树混交的择伐迹地，或多次采伐后形成的阔叶混生次生林相；森林覆盖率较高，郁闭度在0.7左右；原生土壤层未被开垦，腐殖质层保存完好；空气相对湿度和土壤含水量相对较大；交通不太方便，居民密度低，农田少。深山区红松人工林，应该选择郁闭度在0.4左右的天然次生林林分进行定向培育红松大径用材林。其立地环境适宜红松的生物学的特性，抚育时保留一定数量的阔叶树，使之最终形成阔叶红松混交林。在深山区用人工更新"栽针保阔"，恢复阔叶红松混交林是一项成功经验。

2. 浅山区

浅山区是指森林早期被过度开发，已无原始林相存在的区域，其特点包括：仅有蒙古栎萌生林和杨、桦等组成的次生林，疏密不等；荒山荒地、退耕还林地等集中在浅山区；农林人口混居，人口密度大，大面积的林地被开垦成农田，超坡种植很严重；林木覆盖率低，但热量较高。浅山区人力资源充足，交通、电力、通信等条件好，可以选择土壤、坡向、坡度适合的地块营建红松坚果专用林。退耕还林地一般坡度较大，土壤较薄，营养元素和有机物含量比坡下部低，它的优点是土壤经过多年耕作，熟化程度好，土壤热量高，透气性好；退耕还林地上没有杂草灌木生长，红松坚果专用林在全光下生长发育，极为有利。

3. 中山区

中山区是浅山区至深山区的过渡区域，各方面的条件也处于前两者之间。中山区的红松人工林可以定向在果材兼用林。果材兼用林具有双重培育目的：果实和木材兼收。与用材林和坚果专用林培育技术不同之处是：造林密度低于用材林，保留天然阔叶树种低于用材林，株数也少于用材林；保持红松有良好的光照条件；不采取人工截顶促杈、抑制顶端优势等措施，培育主干材正常生长。因此，可以采取人工授粉、施肥等种子丰产技术。

总之，针对红松果林培育，在立地选择方面应划分不同立地级，合理进行森林区划。在东北林区的绝大部分红松林应该走果材兼用林的培育途径，但要以实现木材生产为根本前提，之后才可以考虑如何提高种子生产。在黑龙江省和吉林省，国有和地方林业局的部分林地，如退耕还林地等，还有大部分的集体和个体林地，应鼓励发展红松坚果专用林。目前，这方面工作在实际生产中还很粗放，需要广泛调查和深入研究，由国家和地方制定法律法规，依法经营红松，依法保护红松，建立切实可行的技术规程，建立红松的培育保护机制、林地管理机制，才能真正实现红松果材兼用目标。

（二）恢复和发展红松阔叶混交林

红松是珍贵而古老的树种，是经过几亿年的演替而成的温带地带性顶极群落——红松阔叶混交林的建群种。红松阔叶混交林被称为"第三纪森林"，是以红松为主的针阔混交林。天然红松林在防护效益、涵养水源方面发挥着巨大的作用。流经天然红松林分布区内有松花江、黑龙江、乌苏里江和鸭绿江等河流，红松林的存在，具有重要的水源涵养功能。黑龙江省和吉林省是我国主要粮食产地，基本没有大旱大涝、颗粒无收的年代，大面积的阔叶红松林起到了至关重要的生态屏障作用。

目前，我国红松原始林资源已经仅限于几处自然保护区、母树林和国家森林公园中，天然过伐林中有一定比例的红松，其余均为人工纯林和在次生林中人工栽植的红松。可以这样评价，没有红松阔叶混交林生态系统就没有东北地区的粮食安全、淡水安全、国土安全、物种安全、气候安全，没有红松阔叶混交林生态系统就没有林业的永续发展。因此，必须恢复和发展红松阔叶混交林，采取目标树作业技术体系等培育措施，实行森林近自然经营。培育红松健壮大苗，采用良种良法造林。在立地条件好而林分生产力低的阔叶多代萌生林分林冠下"栽针保阔"，并对已有的宜林地、疏林地、灌木林地营造红松阔叶混交林，逐步将红松人工林经营成红松近天然林，实现红松阔叶混交林经营周期缩短50~80年，用材林成熟期提前40~60年，森林质量得到大幅度提升。建议用法律保护红松阔叶混交林，加快制定《红松阔叶混交林保护条例》。

（三）科学发展红松果林

1. 红松果林良种培育

随着分类经营的开展和生产上的推广应用，原来意义上的良种概念已显得太狭隘，应当根据红松的功能作用培育不同的良种，概念上也应当截然地界定。我国红松育种是在20世纪60年代后逐渐开始的，基本上都是围绕用材林建设进行，应高度重视果材兼用林和坚果专用林的良种选育，加强与俄罗斯、朝鲜等国家的技术交流，缩短红松果林良种培育的周期。

2. 红松果材兼用林的培育

使用优良种质材料培育实生苗和嫁接苗进行造林，严禁采取人工截顶促杈、抑制顶端优势等措施，防止将所有红松人工林全部疏伐改造成红松果林，从一个极端走向另一个极端，这是非常错误的，要有计划、有步骤地科学发展红松果林。另外，红松是典型的浅根性树种，而且树冠庞大，疏伐后侧枝生长迅速，很快达到树冠交接的程度，应允许较低密度的培育，以达到果材兼用的目的。

3. 红松坚果专用林的培育

在目前缺少良种的情况下，要营建以结实型优树组成的无性系果园，筛选红松高产大果型无性系，并采用高枝嫁接建立无性系坚果园。采用创新的嫁接技术培育红松壮苗造林，必须保证接穗的遗传增益，开始就应当按照矮化密植的模式经营。红松具有顶端结实优势的生物学特性，利用这一特性采取在红松第一与第二层轮枝间截干，并保留顶生枝 4～5 个的方法，不仅可以使红松提早结实，而且可以大幅度提高结实量。造林一开始就进入多杈宽冠培育阶段，应采取促进杈干木杈干发育、定期连续人工截顶促杈、抑制顶端优势的措施，保证多杈干、宽树冠的形成。结实开始后即进入坚果生产阶段，继续进行多杈宽冠培育，同时采取措施有效促进结实。坚果专用林也可以选择没有用材培育前景的现有人工林改培，或者利用现有人工幼林通过林地嫁接改培。

（四）重新认识红松全产业链

1. 跳出卖松子的"怪圈"

小兴安岭、长白山国有林区是红松松子的主产区，在松子大丰收之年，却没有带来相应的大增收。黑龙江省伊春市素以"红松故乡"的美誉而享誉国内外，又以率先停伐红松和深入持久地开展保护红松行动而声名远播，但"红松故乡"不是"松仁之乡"。主要原因是松子深加工没有跟上，没有形成规模化、产业化、品牌化发展格局。要跳出卖松子的"怪圈"，重新审视和认识红松的文化价值、养生价值和经济价值，把红松产业打造成地标性战略产业。

2. 培壮龙头企业，促进红松全产业链加速形成

以松子原料或初加工为主要产品形态导致的产品保质期偏短、产业效益低下是亟待解决的"卡脖子"问题。围绕红松果林全产业链，重点攻克松子内含物松油酸的提取及产品研发关键技术，研发精深加工系列产品，显著提高红松果林产业化利用程度、产品的生物利用度以及产品附加值。重点围绕红松塔的外部产业链（松塔皮）、内部产业链（松子）、剩余物产业链和衍生产业（如松仁食品等）建设现代化的精深加工企业，建立一批针对红松种子烘干冷藏、流通加工、集散批发等功能于一体的物流中心，在我国逐步形成完整的红松全产业链，将红松果林产业在国内和国际做大做强。

作者简介

于文喜，男，1963年生，黑龙江省林业科学院二级研究员，黑龙江省有突出贡献中青年专家，兼任黑龙江省森林康养产业协会副会长，黑龙江省植物病理学会副理事长，享受国务院政府特殊津贴。主要从事森林病虫害防治、森林健康、树木冻害和森林生态农业等方面研究；主持完成的科技成果获黑龙江省科技进步一等奖1项、二等奖3项，黑龙江省自然科学一等奖1项，梁希林业科学技术奖科技进步二等奖1项。

李立华，女，黑龙江省林业和草原局三北林业建设服务站二级调研员，教授级高工。